博士后文库
中国博士后科学基金资助出版

断陷湖盆缓坡带薄互层砂体沉积特征与储层成岩作用
——以东营凹陷早始新世沉积为例

王 健 操应长 王艳忠 著

科学出版社
北 京

内 容 简 介

薄互层砂体是断陷湖盆缓坡带重要的砂体类型,具有非常重要的研究价值。本书重点攻关了断陷湖盆缓坡带薄互层砂体沉积环境、沉积成因类型及沉积模式和基于埋藏成岩环境重塑的薄互层砂体储层成岩改造模式两大科学问题。厘定了薄互层砂体的概念,明确了薄互层砂体成因类型及特征,建立了薄互层砂体沉积发育模式;重塑了薄互层砂体储层多因素综合表征的埋藏成岩环境演化过程,明确了不同成岩环境演化过程中成岩作用响应规律,建立了薄互层砂体储层成岩改造模式,明确了不同成岩改造模式的储层发育规律。

本书可供广大地质工作者,尤其是从事砂体沉积学、储层地质学及油气勘探开发的科研技术人员参考使用,也可供高校教师和学生参考使用。

图书在版编目(CIP)数据

断陷湖盆缓坡带薄互层砂体沉积特征与储层成岩作用:以东营凹陷早始新世沉积为例/王健,操应长,王艳忠著.—北京:科学出版社,2016
(博士后文库)
ISBN 978-7-03-048856-5

Ⅰ.①断… Ⅱ.①王…②操…③王… Ⅲ.①断陷盆地-薄互层-沉积特征-研究-东营市②断陷盆地-薄互层-砂岩储集层-成岩作用-研究-东营市 Ⅳ.①P533 ②P539.4

中国版本图书馆 CIP 数据核字(2016)第 134144 号

责任编辑:焦 健 黄 敏 韩 鹏/责任校对:张小霞
责任印制:张 伟/封面设计:陈 静

科学出版社 出版
北京东黄城根北街16号
邮政编码:100717
http://www.sciencep.com

北京厚诚则铭印刷科技有限公司 印刷
科学出版社发行 各地新华书店经销
*
2016年6月第 一 版 开本:720×1000 1/16
2016年6月第一次印刷 印张:14 1/4
字数:267 000
定价:118.00 元
(如有印装质量问题,我社负责调换)

《博士后文库》编委会名单

主　任　陈宜瑜

副主任　詹文龙　李　扬

秘书长　邱春雷

编　委　（按姓氏汉语拼音排序）

傅伯杰　付小兵　郭坤宇　胡　滨
贾国柱　刘　伟　卢秉恒　毛大立
权良柱　任南琪　万国华　王光谦
吴硕贤　杨宝峰　印遇龙　喻树迅
张文栋　赵　路　赵晓哲　钟登华
周宪梁

《博士后文库》序言

博士后制度已有一百多年的历史。世界上普遍认为，博士后研究经历不仅是博士们在取得博士学位后找到理想工作前的过渡阶段，而且也被看成是未来科学家职业生涯中必要的准备阶段。中国的博士后制度虽然起步晚，但已形成独具特色和相对独立、完善的人才培养和使用机制，成为造就高水平人才的重要途径，它已经并将继续为推进中国的科技教育事业和经济发展发挥越来越重要的作用。

中国博士后制度实施之初，国家就设立了博士后科学基金，专门资助博士后研究人员开展创新探索。与其他基金主要资助"项目"不同，博士后科学基金的资助目标是"人"，也就是通过评价博士后研究人员的创新能力给予基金资助。博士后科学基金针对博士后研究人员处于科研创新"黄金时期"的成长特点，通过竞争申请、独立使用基金，使博士后研究人员树立科研自信心，塑造独立科研人格。经过30年的发展，截至2015年底，博士后科学基金资助总额约26.5亿元人民币，资助博士后研究人员5万3千余人，约占博士后招收人数的1/3。截至2014年底，在我国具有博士后经历的院士中，博士后科学基金资助获得者占72.5%。博士后科学基金已成为激发博士后研究人员成才的一颗"金种子"。

在博士后科学基金的资助下，博士后研究人员取得了众多前沿的科研成果。将这些科研成果出版成书，既是对博士后研究人员创新能力的肯定，也可以激发在站博士后研究人员开展创新研究的热情，同时也可以使博士后科研成果在更广范围内传播，更好地为社会所利用，进一步提高博士后科学基金的资助效益。

中国博士后科学基金会从2013年起实施博士后优秀学术专著出版资助工作。经专家评审，评选出博士后优秀学术著作，中国博士后科学基金会资助出版费用。专著由科学出版社出版，统一命名为《博士后文库》。

资助出版工作是中国博士后科学基金会"十二五"期间进行基金资助改革的一项重要举措，虽然刚刚起步，但是我们对它寄予厚望。希望通过这项工作,使博士后研究人员的创新成果能够更好地服务于国家创新驱动发展战略,服务于创新型国家的建设,也希望更多的博士后研究人员借助这颗"金种子"迅速成长为国家需要的创新型、复合型、战略型人才。

中国博士后科学基金会理事长

本 书 序

  断陷湖盆是我国东部最主要的含油气盆地类型，而缓坡带是断陷盆地重要的构成单元，是地质研究和油气勘探的重要区域。受构造位置、地貌特征及古气候的影响，断陷盆地缓坡带多发育广泛分布的薄互层砂体。受古气候、古地貌、古水动力及古基准面等因素的影响，缓坡带沉积环境多变，沉积作用过程复杂，导致薄互层砂体沉积成因类型多样；不同沉积环境形成的薄互层砂体，由于其沉积特征、沉积水体特征、互层泥岩成分及后期成岩流体和成岩环境封闭性等因素的差异性，薄互层砂体储层埋藏过程中经历的成岩环境演化过程、成岩作用类型、成岩产物分布规律及储层分布规律均存在明显的差异。因此，开展断陷湖盆缓坡带薄互层砂体研究，无论是对地质科学问题的探讨还是对勘探生产的指导，都具有重要的意义。

  《断陷湖盆缓坡带薄互层砂体沉积特征与储层成岩作用》一书以东营凹陷缓坡带为例，综合利用钻井岩心、测井录井及分析化验资料，系统研究了薄互层砂体的概念、沉积环境、沉积成因类型及特征，建立了薄互层砂体沉积发育模式。以此为基础，综合利用多种地球化学分析测试手段和方法，重塑了薄互层砂体储层多因素综合表征的埋藏成岩环境演化过程，明确了不同成岩环境演化过程中成岩作用响应规律，建立了薄互层砂体储层成岩改造模式，明确了不同成岩改造模式的储层发育规律。该书在断陷湖盆缓坡带薄互层砂体沉积成因机制、埋藏成岩环境演化恢复以及优质储层形成机制这两个科学问题方面取得了较大的突破和进展，该书的出版对我国陆相盆地沉积储层研究具有重要的参考价值；同样，也会受到广大地质工作者的欢迎。

"千人计划"国家特聘专家

2016年1月29日

前 言

薄互层砂体是断陷湖盆缓坡带重要的砂体类型，往往具有砂体厚度薄、横向分布范围广、沉积成因类型多样、成岩作用特征复杂及储层发育规律难预测等特点。本书以渤海湾盆地东营凹陷缓坡带孔一段—沙四段发育的薄互层砂体为研究对象，综合利用钻井、测井、录井、微量及常量元素分析、常规薄片分析、铸体薄片分析、扫描电镜分析、压汞分析、物性分析、碳氧同位素分析和流体包裹体分析等资料和方法，重点攻关断陷湖盆缓坡带薄互层砂体沉积环境、沉积成因类型和沉积模式以及基于埋藏成岩环境重塑的薄互层砂体储层成岩改造模式两大科学问题。围绕科学问题，系统开展薄互层砂体沉积成因类型、砂体分布规律、沉积演化模式、储层储集特征及成岩作用、储层埋藏成岩环境、储层成岩改造模式及储层发育规律研究。

本书共分七章。第一章介绍渤海湾盆地东营凹陷地质概况。第二章综合利用钻井、测井、录井、三维地震、元素地球化学等资料，厘定薄互层砂体的定义，总结薄互层砂体的特征，明确薄互层砂体沉积成因类型及沉积特征。第三章在第二章研究的基础上，结合现代沉积考察，阐明断陷湖盆缓坡带薄互层砂体沉积环境，详析薄互层砂体形成发育的控制因素，建立薄互层砂体沉积及演化模式。第四章综合利用普通薄片、铸体薄片、扫描电镜、压汞资料、物性资料等分析测试资料，系统总结薄互层砂体储集物性特征、储集空间特征和孔喉结构特征。第五章综合利用普通薄片、铸体薄片、扫描电镜等资料，系统总结薄互层砂体储层成岩作用类型及特征。第六章综合利用薄片资料、同位素资料、包裹体资料等，结合盆地埋藏演化史分析，重塑薄互层砂体储层地质历史时期埋藏成岩环境演化过程，明确不同类型薄互层砂体成岩环境演化差异。第七章以薄互层砂体沉积、储集、成岩研究为基础，结合盆地构造演化分析，建立薄互层砂体储层成岩改造模式，以此为基础，系统总结薄互层砂体储层发育规律。

本书分工如下：前言、第一章由王健编写，第二章和第三章由王健、操应长、王艳忠编写，第四章由王健、王艳忠编写，第五章由王健、操应长编写，第六章由操应长、王健编写，第七章由王健、操应长编写，全书由王健统稿。

本书的研究成果得到了国家自然科学基金石油化工联合基金重点支持项目"致密砂岩油气储层储集性能量化表征及其有效性量化评价（U1262203）"、国家自然科学基金"东营凹陷古近系中深层孔隙度高值带成因机制及其量化预测研究（40972080）"、国家自然科学基金青年基金"东营凹陷漫湖砂体与滩坝砂体成岩演化差异及优质储层成因机制（41402095）"、国家科技重大专项"薄互层低渗透油藏储层描述及评价技术研究（2011ZX05051-001）"、国家油气重大专项"东营凹陷沙河街组碎屑岩储层纵向演化及其量化表征研究（2008ZX05051-02-01）"、中国博士后科学基金特别资助项目"薄互层低渗透储层'甜点'发育规律及有效性评价（2015T80760）"和中国博士后科学基金面上一等资助项目"滩坝砂岩低渗透储层低渗成因机制及'甜点'预测（2014M550380）"的联合资助。

  本书的形成得益于中国石油大学(华东)油气储层研究中心多年的工作积累。胜利油田胜利采油厂弭连山工程师和大庆油田勘探开发研究院徐磊工程师针对第二章和第三章的相关内容做了大量的前期研究工作。在本书编写过程中，得到中组部"千人计划"国家特聘专家刘可禹教授，胜利油田宋国奇教授、王永诗教授、刘惠民教授，中国石油大学（华东）金强教授、钟建华教授、陈世悦教授、吴智平教授、邱隆伟教授和王冠民教授的指导与帮助，另外，在本书的写作过程中，中国石油大学（华东）油气储层研究中心的博士和硕士研究生蒉克来、马奔奔、杨田、张少敏、徐琦松、金杰华、程鑫、薛秀杰、王铸坤、王新桐、周琨、户瑞宁等承担了部分图件的绘制和清绘工作，在此谨表谢意。

  由于笔者水平有限，书中不当之处在所难免，敬请专家和读者批评指正。

作 者
2016 年 2 月

目 录

《博士后文库》序言
本书序
前言

第一章 缓坡带基本地质概况 ·· 1
第一节 区域地质概况 ··· 1
一、构造位置 ·· 1
二、构造演化特征 ·· 1
第二节 缓坡带构造特征 ··· 5
第三节 缓坡带沉积地层特征 ··· 8

第二章 薄互层砂体的沉积特征 ·· 11
第一节 薄互层砂体的概念及特征 ··· 11
一、薄互层砂体的概念 ·· 11
二、薄互层砂体的特征 ·· 12
第二节 薄互层砂体的沉积成因类型及其特征 ··· 16
一、漫湖三角洲 ·· 16
二、浅水三角洲 ·· 22
三、漫湖滩坝 ·· 29
四、滨浅湖滩坝 ·· 33

第三章 薄互层砂体的沉积模式 ·· 50
第一节 薄互层砂体的沉积环境特征 ··· 50
一、古地貌特征 ·· 50
二、古气候和古湖泊特征 ·· 52
三、沉积环境特征 ·· 62
第二节 薄互层砂体沉积作用的控制因素 ··· 62
一、现代沉积考察 ·· 62
二、薄互层砂体沉积作用的控制因素 ·· 77
第三节 沉积演化模式 ··· 90
一、干旱气候条件下高频振荡性漫湖–盐湖沉积模式 ···························· 90
二、潮湿气候条件下咸水滨浅湖–半深湖沉积模式 ································ 93

第四章　薄互层砂体储层的储集特征 ……………………………………… 95
第一节　薄互层砂体储层储集物性特征 …………………………………… 95
一、漫湖环境薄互层砂体储层储集物性特征 ……………………………… 95
二、滨浅湖环境薄互层砂体储层储集物性特征 …………………………… 99
第二节　薄互层砂体储层储集空间特征 …………………………………… 101
一、漫湖环境薄互层砂体储层储集空间特征 ……………………………… 101
二、滨浅湖环境薄互层砂体储层储集空间特征 …………………………… 105
第三节　薄互层砂体储层孔喉结构特征 …………………………………… 107
一、孔喉结构参数特征 ……………………………………………………… 107
二、孔喉结构分布特征 ……………………………………………………… 110

第五章　薄互层砂体储层的成岩作用特征 ……………………………… 114
第一节　压实作用 …………………………………………………………… 114
第二节　胶结作用 …………………………………………………………… 116
第三节　溶解作用 …………………………………………………………… 123
第四节　交代作用 …………………………………………………………… 126

第六章　薄互层砂体储层埋藏成岩环境 ………………………………… 128
第一节　埋藏成岩环境的矿物地球化学记录 ……………………………… 128
一、埋藏成岩环境的成岩产物记录 ………………………………………… 128
二、埋藏成岩环境的碳氧稳定同位素记录 ………………………………… 131
三、埋藏成岩环境的流体包裹体记录 ……………………………………… 136
第二节　埋藏成岩环境的成岩流体特征 …………………………………… 155
一、漫湖环境储层埋藏成岩环境的成岩流体特征 ………………………… 156
二、滨浅湖环境储层埋藏成岩环境的成岩流体特征 ……………………… 165
第三节　埋藏成岩环境的封闭性特征 ……………………………………… 171
一、地层压力特征 …………………………………………………………… 171
二、成岩环境封闭性特征 …………………………………………………… 175
第四节　薄互层砂体储层的埋藏成岩环境 ………………………………… 175
一、成岩演化序列 …………………………………………………………… 175
二、埋藏成岩环境差异 ……………………………………………………… 176

第七章　薄互层砂体储层的成岩改造模式 ……………………………… 178
第一节　薄互层砂体储层成岩作用的控制作用 …………………………… 178
一、地层温度和成岩环境封闭性控制了储层压实作用强度 ……………… 178
二、地层温度和早期成岩流体控制了储层胶结壳发育程度 ……………… 178
三、成岩流体酸碱特征控制了储层溶蚀孔隙类型及发育程度 …………… 181
四、成岩环境封闭性演化差异控制了储层成岩产物分布规律 …………… 182

五、油气充注对薄互层砂体储层成岩作用的影响…………………………187
 第二节　薄互层砂体储层的成岩改造模式……………………………………190
　　一、多重酸碱环境交替–开放环境上升流作用模式…………………………190
　　二、碱性-酸性环境演化–开放环境下降流作用模式…………………………193
　　三、多重酸碱交替–早期开放–中期开放–晚期封闭环境模式………………195
　　四、多重酸碱交替–早期封闭–中期开放–晚期封闭环境模式………………197
 第三节　不同成岩改造模式储层发育规律……………………………………200
参考文献……………………………………………………………………………204
编后记………………………………………………………………………………212

第一章　缓坡带基本地质概况

第一节　区域地质概况

一、构 造 位 置

渤海湾盆地是我国东部重要的含油气盆地，包括临清坳陷、冀中坳陷、黄骅坳陷、济阳坳陷、渤中坳陷和辽河坳陷等次级构造单元。济阳坳陷位于渤海湾盆地东南部，东邻郯庐断裂带，北部和西部以埕宁隆起、渤南凸起与黄骅坳陷、渤中坳陷相邻，南部以齐河-广饶断裂与鲁西隆起分界，西南部与临清坳陷相连（图1.1A），总面积 25510km²。东营凹陷位于济阳坳陷南部，是渤海湾盆地的一个富油气凹陷（图 1.1A）。东营凹陷是在古生界基岩背景上发育起来的中—新生代箕状断陷-坳陷湖盆，东邻青坨子凸起，南部与广饶凸起及鲁西隆起呈超覆接触，西部以青城凸起及林樊家凸起为界，北以陈家庄凸起—滨县凸起为界（图 1.1B），总体上为北断南超、北陡南缓的复式半地堑伸展盆地（冯有良，1999）（图1.1C）。盆地东西长约 90km，南北宽约 65km，面积大约 5700km²，区域上可以划分为北部陡坡带、中央断裂背斜带（中央隆起带）、民丰洼陷、利津洼陷、牛庄洼陷、博兴洼陷、南部缓坡带等二级构造单元（林会喜等，2005）。研究工区包括了南部缓坡带、博兴洼陷及牛庄洼陷南部地区（图 1.1B）。

二、构造演化特征

从图1.2和图1.3构造演化图看，东营凹陷的构造演化大致可以分为四个阶段：①中生界（主要是上侏罗—下白垩统）沉积时期初始裂陷阶段，发育多组正断层；②孔店组—沙四段沉积时期继承性裂陷阶段，部分先存断层继承性活动成长为东营凹陷主边界断层；③沙三段、沙二段、沙一段和东营组沉积时期稳定裂陷阶段，主边界断层的稳定伸展并导致盖层断层发育；④新近系和第四系沉积时期后裂陷阶段，盆地区整体坳陷。

中生代时期（主要是上侏罗—下白垩统沉积时期），济阳地区受郯庐深断裂活动及区域应力场控制发育多组断层，这些断裂多数表现为正断层或走滑正断层特征，并控制了晚侏罗世—早白垩世裂陷盆地的形成和演化。

沙四段—孔店组沉积时期，东营凹陷南部缓坡带的坡度很小，甚至可能是缓向 NW 倾斜。这时的裂陷作用主要是使中生代断层发生继承性活动，并且使部分断层的位移明显增大逐渐演化成为东营凹陷的主边界断层。

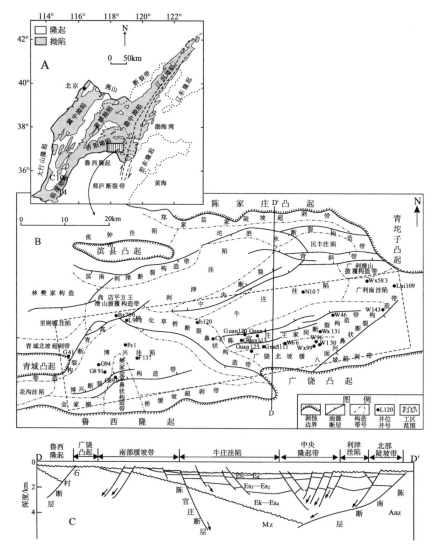

图 1.1　东营凹陷构造位置、构造单元划分及研究区构造特征

沙三段沉积时期，随着陈南断层等东营凹陷主边界断层逐渐表现为主要的伸展断层后，南部缓坡带向北倾斜的掀斜运动逐渐表现明显起来，并在掀斜运动过程中发育一些反向调节性正断层。沙二段开始沉积以后，至馆陶组沉积前，东营凹陷内部的中央构造带开始发育，并导致南部缓坡带的向北的掀斜运动增强，加

剧了近 EW 向盖层反向正断层的位移，并使盖层反向正断层发育的构造部位逐渐向盆地内部迁移。

东营组沉积后，区域性的隆升使南部缓坡带遭受明显的剥蚀作用，使馆陶组超覆在下古近系、新近系的不同地层之上。这一时期东营凹陷南部斜坡在整体下降的基础上受差异压实作用影响仍发生轻微的掀斜运动，部分盖层断层也发生压实正断层位移。

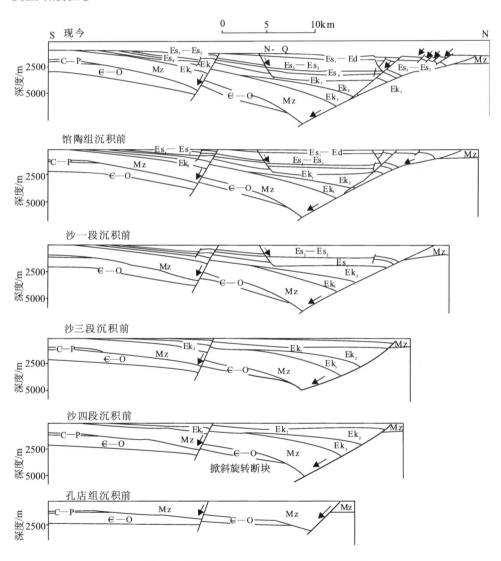

图 1.2　东营凹陷 642.2 地震剖面构造演化

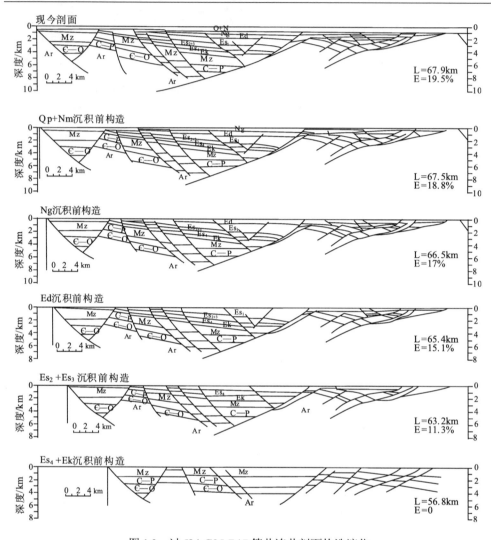

图 1.3 过 J24-G35-B17 等井连井剖面构造演化

东营凹陷南部斜坡带的八面河断层、石村断层都属于中生代时期形成的基底断层，在沙四段—孔店组沉积时期这些断层发生继承性活动，主要表现为伸展位移，并对沉积充填有一定的控制作用。沙三段沉积开始，随着整个东营凹陷南部缓坡带向北的掀斜运动的发展，八面河断层的活动逐渐被掀斜运动形成的反向正断层活动所替代，石村断层成为控制博兴洼陷的主干伸展断层。此外，受掀斜运动与沉积充填速率变化的影响，东营凹陷南部缓坡带在古近纪伸展时期发育有多个局部不整合面。其中盆地盖层内部沙三段与下伏地层之间的局部不整合面最明显，沙三段超覆在沙四段、孔店组之上。这说明盆地裂陷作用具有多期性特点，并且不同时期的裂陷作用引起的伸展构造变形方式也相应有所变化,较晚期的裂陷作用过程中发育的断层可以继承先存断层面,但是盖层断层总体上具有向盆地内部迁移的特点。

古近纪断陷期受喜马拉雅运动的控制,发育了初始断陷期—强烈断陷期—断陷萎缩期的演化过程,形成了浅湖相—深湖相—河流相—浅湖相的一个完整的沉积旋回。

初始断陷期(Ek—Es_4):初始裂陷期的沉积由孔店组和沙四段地层组成。孔店组沉积时期东营凹陷表现为伸展半地堑,以陈南断层为主,活动强烈,盆地快速拉张沉降,控盆断层由板式向铲式转换,盆地开始由旋转半地堑向滚动半地堑转换(于建国等,2009)。沙四段沉积时期陈南断层、滨南断层活动强度较孔店组沉积时期明显减弱,同时陡坡带形成一系列同向派生断层,这些断层具生长断层的性质,断层活动强度不大;洼陷中心靠近中央低凸起的地区发育一些反向调节断层,缓坡带形成产生的断层继续活动,同时产生一些新生断层;该时期盆地沉积中心依然在陡坡带附近的洼陷区,地层厚度向缓坡带减薄。总体上,该时期处于初始裂陷期,加之干旱-半干旱气候条件,湖盆水体范围较小,盐度较大,盆地沉积了一套滨浅湖相的灰泥岩、粉细砂岩与冲积扇、扇三角洲、近岸水下扇砂砾岩交替,并含岩盐及石膏沉积。

强烈断陷期(Es_3—Es_2x):强烈裂陷期的沉积由沙三段—沙二下亚段地层组成。该时期东营凹陷构造应力场近 NW 向拉伸,NE 向断裂活动强烈,开始了盆地断陷作用和扩张作用的主要阶段,盆地的沉降幅度加大,扩张速度加快,大量新生断层开始形成,区内主要断层处于发育高峰时期。该时期内一系列的裂陷作用使盆地不再具有统一的沉降中心,分别在断层下降盘出现多个沉降中心,继而形成了博兴、牛庄、利津和民丰四个次级洼陷共存的盆地格局。在沉积响应上,强烈断陷早期,盆地处于快速沉降过程,沉积速度远大于沉积物供给速度,湖盆沉积处于欠补偿状态,在气候潮湿条件下,沉积了厚层深灰色泥岩、油页岩及不同成因类型重力流;到强烈断陷中末期,断裂活动相对减弱,盆地大面积发育轴向三角洲体系。Es_3 期沉积以来,青城凸起及其北部的高青地区开始抬升,早期沉积地层遭受剥蚀(于建国等,2009)。

断陷萎缩期(Es_2s—Ed):该时期断裂活动进入后期,凹陷基本保持前期形成的构造格局。总体上,该时期处于断陷萎缩阶段,湖水变浅,盆地主要形成了以紫红色泥岩夹砂岩、含砾砂岩为主的辫状河、冲积扇和浅湖为主的沉积。

第二节 缓坡带构造特征

东营凹陷南斜坡在构造上可以划分为十个二级构造带,包括青城凸起、鲁西隆起、广饶凸起、博兴洼陷南坡、纯化草桥断裂鼻状构造带、金家樊家鼻状构造、柳桥鼻状构造、牛庄洼陷南坡、陈官庄-王家岗断裂背斜带、八面河断裂鼻状构造（图 1.1B）。

受纯化草桥断裂鼻状构造的影响，东营凹陷南斜坡东段和西段地区的沉积环境、构造特征略有不同。纯化草桥断裂鼻状构造带把牛庄洼陷和博兴洼陷分开，该构造带东部（现河地区）即为东营凹陷南斜坡东段，这是向东南方向抬起、向西北方向倾没的大型斜坡。受多期构造运动的影响，在牛庄洼陷以南地区发育有陈官庄-王家岗断裂背斜带、八面河断裂鼻状构造。东营凹陷南坡东段西邻纯化镇构造，东至八面河断裂带，南起广饶凸起，北连牛庄洼陷，勘探面积约 500km。

图 1.4 是横穿东营凹陷的两条地质剖面，剖面所示的斜坡构造有明显差异。东营凹陷东部的 NNE 向剖面上，盆地基地发育的一系列 NW 近 E-W 向走向的正断层同向 SW 倾斜，构成多米诺式构造组合，而东营凹陷西部博兴洼陷斜坡的基底正断层则构成地堑-地垒式构造组合。

东营凹陷南部构造斜坡可以分为牛庄南构造斜坡带和博兴南构造斜坡带两部分。由于两者所处的构造位置不同、斜坡构造形成的基本地质条件不同，它们的结构特征也有明显的差异（图 1.5）。图 1.5 是东营凹陷南部斜坡的局部构造剖面，其中 A 剖面相当于牛庄南构造斜坡带的近 SSE 向剖面，B 剖面相当于博兴南构造斜坡带的近 SSE 向剖面，剖面位置大致与图 1.3 的两条剖面位置相同。

图 1.4 和图 1.5 都可以看出，剖面上较深部位的断层都属于基底卷入型正断层，在剖面上的倾斜方向可以与基底岩层面一致，也可以相反，后者构成常见的"反向屋脊"构造样式。这些断层向下可以切割到太古界结晶基底，向上切穿侏罗-

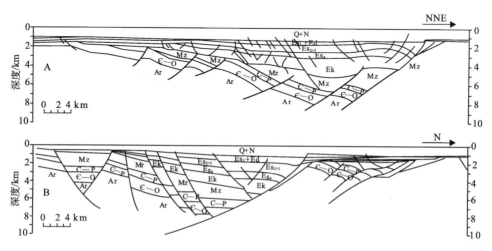

图 1.4 东营凹陷构造剖面图（据胜利油田地质研究院资料改编）

A.东营凹陷东部 NNE-SSW 向剖面；B.东营凹陷西部近 S-N 向剖面

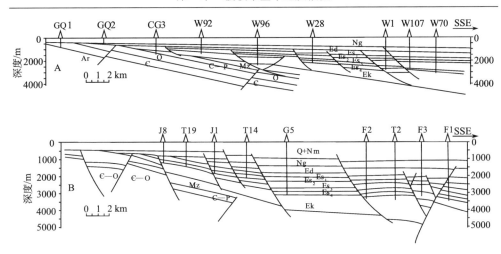

图 1.5　东营凹陷南部斜坡构造剖面图（据胜利油田地质研究院资料改编）

A.牛庄南构造斜坡剖面；B.博兴南构造斜坡剖面

白垩系进入到古近系下部，一般终止在沙四段或沙三段顶部。从断层与地层的切割关系判断应该是侏罗-白垩系时期形成的正断层，并在古近纪早期有继承性活动。浅层的断层主要发育在古近系内部，以与盆地盖层倾向相同的正断层为主，向下可能在古近系底部或石炭-二叠系、或寒武-奥陶系中滑脱，属于盖层断层或断层滑脱断层。从断层影响的古近系岩层厚度判断，这类断层主要是在沙一段、东营组沉积时期甚至更晚时期形成的。

博兴南构造斜坡带的盆地基底面及盖层岩层的倾向程度明显比牛庄南构造斜坡陡一些。基底岩层内部的倾斜程度大致与基底面相当，并不像牛庄南构造斜坡那样基底岩层倾斜角度明显大于盖层岩层倾斜角度。博兴南构造斜坡的基底岩层发育共轭正断层组构成小型的地堑-地垒构造，地堑内部的侏罗-白垩系较地垒部分更厚一些。新生代盆地盖层地层内部则发育向盆地中心倾斜的滑脱正断层（图1.4A）。

牛庄南构造斜坡带的盆地基底面倾斜角度相对较缓，基底地层与盖层岩层倾向相同，但是基底岩层的倾向角度明显大于盖层岩层的倾斜角度，斜坡上部的基底岩层严重剥失，新近系直接覆盖在寒武-奥陶系或太古界之上。深层的基底卷入型正断层以与基底岩层倾向相反为主，浅层的正断层则以与盖层倾向一致的滑脱断层为主，多数具有古近系同生断层特征。这些断层在平面图上的走向以近 E-W 向和 NEE 向为主，在剖面部分断层可能在古生界内部滑脱，另一些盖层滑脱断层则在古近系、新近系内部或中生界内部滑脱（图1.4B）。

东营凹陷孔店期—沙四早期为燕山构造运动阶段—喜马拉雅运动阶段的过渡（吴智平等，2012）。孔店期，渤海湾盆地继承了中生代构造应力场的特征，表现为太平洋板块以 NNW 向向欧亚板块俯冲，郯庐断裂带左旋走滑，东营凹陷受到 NE-SW 向的拉伸作用，NW 向断层发育；沙四早期，太平洋板块的俯冲方向由 NNW 向转为 NWW 向，加之印度板块开始向北俯冲，使得郯庐断裂带由左旋转为右旋，东营凹陷受到 NWW 向为主的拉张，NEE 向断层发育。通过应力椭球体分析，在左旋走滑应力场控制之下，主要发育 NW（W）向张性断层，而在右旋走滑应力场控制之下，则主要发育 NE（E）向张性断层。因此，在孔店期东营凹陷仍以 NW 向断层活动为主，至沙四早期逐渐发生构造转型，转变为 NEE 向或近 E-W 向断裂。综上所述，东营凹陷在孔店期—沙四早期处于盆地转型期，地层沉积具有 NW 向和 NE 向控盆断裂叠加控制的特点，同时，由于快速的构造沉降形成了巨厚沉积。其中，NW 向断层控制作用较强，被石村-平南等断层分隔为两个大沉积区：东部受陈南断层控制，沉积较为完整；西部呈现"盆岭相间"的构造格局。

第三节　缓坡带沉积地层特征

东营凹陷缓坡带古近系分布广泛，厚度大，向边缘地带厚度减薄。古近系可分为三个组，自下而上分别为孔店组、沙河街组和东营组（图1.6）。

1. 孔店组

根据地震资料显示孔店组在东营凹陷最厚可达 4500m，时间跨度为 10.5~14.6Ma，目前钻遇孔店组主要为孔二段和孔一段。

（1）孔二段（Ek_2）

孔二段主要是一套湖相沉积，岩性主要为灰色、深灰色泥岩、砾岩、盐膏岩、砂砾岩以及砂岩。

（2）孔一段（Ek_1）

据丰深 2、郝科 1、新东风 10、东风 8、王 46、金 32、樊深 1、莱深 1 等井钻井资料，凹陷北部洼陷中心以发育灰白色盐岩、膏盐岩、石膏、泥膏岩及灰色、深灰色泥岩、粉砂质泥岩、灰质砂岩、砾岩为特征。盆地南部缓坡带、中央隆起带、博兴洼陷、滨南-利津地区以发育红色、紫红色、棕红色泥岩与灰色砂岩互层为主，部分地区岩性出现"全红"，即砂岩、泥岩颜色均为紫红、棕红等氧化色。

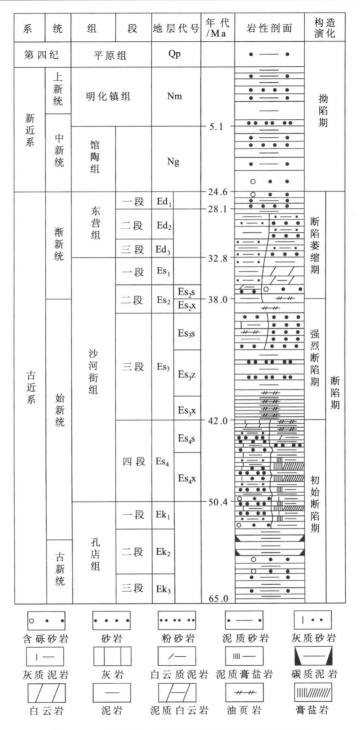

图1.6 东营凹陷古近系和新近系地层综合柱状图

2. 沙河街组

东营凹陷内沙河街组分布广泛、厚度较大，与下伏孔店组为不整合接触，自下而上可分为沙四段、沙三段、沙二段和沙一段四段。

（1）沙四段（Es_4）

根据岩性和古生物特征，沙四段可分为沙四下亚段（Es_4x）和沙四上亚段（Es_4s）。沙四下亚段发育紫红色泥岩夹棕色、棕褐色粉砂岩、灰色砂岩和砾岩，凹陷东部发育有盐岩和膏泥岩。沙四上亚段下部发育灰色砂岩、泥岩互层，上部发育深灰色、灰褐色泥岩、油页岩等，靠近断层分布多期叠置的近岸水下扇砂砾岩体，该层段是东营凹陷生油岩分布层位之一。

（2）沙三段（Es_3）

沙三段以湖相沉积的暗色砂、泥岩为特征，是东营凹陷主要的生油岩发育层位。根据岩性可分三个亚段。沙三下亚段（Es_3x）岩性为深灰色、褐棕色泥岩、钙质泥岩和油页岩，及靠近断层分布的近岸水下扇砂砾岩体，厚度一般为0~400m。沙三中亚段（Es_3z）岩性以深灰色泥岩、油页岩为主，夹有多套浊积砂岩或薄层碳酸盐岩，厚度最大可达700m。沙三上亚段（Es_3s）岩性为灰色、深灰色泥岩、油泥岩与粉砂岩互层及厚层块状砂岩、含砾砂岩及粉砂岩，厚度为0~500m。

（3）沙二段（Es_2）

沙二段以砂岩及砂泥岩互层沉积为特征，分为上、下两个亚段。沙二下亚段（Es_2x）为灰绿色、灰色泥岩与砂岩、含砾砂岩互层，夹碳质页岩岩，其上部见少量紫红色泥岩，该亚段分布不稳定，多出现在各凹陷中部，面积较小，向边缘和凸起往往缺失。沙二上亚段（Es_2s）岩性为紫红色、灰绿色泥岩与灰色砂岩互层，夹钙质砂岩及含砾砂岩，与其下亚段呈不整合接触。

（4）沙一段（Es_1）

岩性为灰色、深灰色、灰褐色泥岩、油泥岩、和油页岩为主，夹砂岩、含砾砂岩，底部发育了薄层白云岩和粒屑生物滩，化石丰富，是区域对比的标准层段。

3. 东营组

东营组（Ed）岩性为灰绿色、灰色、少量紫红色泥岩与砂岩、含砾砂岩呈不等厚互层，夹薄层碳酸盐岩。沉积厚度为0~800m，顶部被明显剥蚀。

第二章 薄互层砂体的沉积特征

第一节 薄互层砂体的概念及特征

一、薄互层砂体的概念

陆相湖盆碎屑岩沉积常具有特征的砂泥岩互层结构，砂泥岩互层剖面中砂体厚度与其沉积时期的古气候、古地貌等沉积环境因素具有密切的关系，稳定的沉积环境有利于沉积作用稳定、持续地发生，形成的砂体厚度一般相对较大，如气候潮湿时期，沉积物供给充足，在断陷湖盆长轴方向地形相对平缓的地区常发育规模巨大的、三层结构明显的三角洲沉积，三角洲主体中受泥岩互层分隔的砂体厚度一般大于十几米甚至更厚，互层泥岩厚度一般非常薄（邱桂强等，2001；王居峰，2005），具有厚层砂体特征；相反，不稳定的沉积环境中沉积作用变化频繁，持续时间短，不利于厚层砂体的形成发育，如受气候及平缓地形的影响，断陷湖盆缓坡带及坡度相对较小的拗陷湖盆斜坡地区水体较为动荡，沉积环境变化频繁，导致砂体厚度较薄，垂向上呈频繁的砂泥岩互层特征（李丕龙等，2003）。很多学者在研究这种厚度相对较薄的、具有频繁砂泥岩互层特征的砂体时，将其称为"薄互层砂体"（陈波等，2007；邹才能等，2008；杨剑萍等，2008；冯兴雷等，2009；韩宏伟，2009；李国斌等，2010；王蛟、杨东明，2010；赵宁、邓宏文，2010；万赟来等，2011；保吉成等，2012；王立武，2012；朱筱敏等，2012），然而对于薄互层砂体的概念并未给出明确的定义，仅仅是在研究某一地区砂体沉积特征时，对砂体厚度进行了简单的统计描述。袁静（2005）研究济阳拗陷南部古近系洪水-漫湖沉积时指出，砂体厚度较薄，与泥岩呈频繁的互层特征，砂体厚度一般小于 4m，砂地比一般为 0.2~0.6；韩宏伟（2009）研究博兴洼陷沙四段滩坝砂体指出，砂体厚度较薄，一般为 0.15~5m，少数大于 10m，多数在 1~3m，砂地比一般小于 0.67；李国斌等（2010）研究东营凹陷沙四上亚段滩坝砂体时指出其与滨浅湖泥岩常呈频繁的薄互层特征，砂层多但厚度薄，近岸砂坝单层厚度主要分布在 2~8m，占统计总数的 87.5%，厚度为 8~10m 的占 9.6%，厚度大于 10m 的砂层非常少，远岸砂坝厚度主要分布在 2~8m，占统计总数的 92.8%，很少有大于 8m 的砂层，砂地比一般为 0.3~0.5；朱筱敏等（2012）研究松辽盆地三肇凹陷扶余油层浅水三角洲时指出，沉积砂体厚度薄，砂地比值较低，分流河道砂体厚度主要为 1.5~4m，常小于 2.5m，砂地比值为 0~0.65，平均值为 0.35，并且有盆地边缘向凹陷中心砂层厚度逐渐减薄，砂地比值降低；保吉成等（2012）研究尕斯库勒油田下干柴沟组上段沉积相时指出，砂质沉积几乎没有厚层状，以层薄、层数多、层间距小为特征，砂体厚度主要为 0.5~4m；王蛟和杨东明（2010）济阳坳陷孤岛油田馆陶组上段浅水湖泊三角洲时指出，砂体厚度较薄，分流河道砂体厚度一般为 4~5m 左右，席状砂厚度约 2m 左右；赵宁和邓宏文（2010）研究沾化凹陷桩西地区沙二上亚段滩坝沉积时指出，垂向上砂体与滨浅湖泥岩呈频繁的互层特征，砂体厚度较薄，坝砂砂体厚度一般为 5~8m，滩砂砂体厚度一般为 2~4m，砂地比一般为 0.1~0.6；杨剑萍等（2008）等研究柴达木盆地西南缘乌南地区新近系下油砂山组沉积特征时指出砂泥岩互层剖面中砂体厚度较薄，砂体厚度一般为 1~5m，砂地比一般小于 0.5；冯兴雷等（2009）研究大王北洼陷浅水漫湖砂质滩坝沉积时指出，砂体具有单层厚度薄、横向变化快特点，砂体厚度 1.5~3m，砂地比一般为 0.1~0.6；邹才能等（2008）研究大型敞流坳陷湖盆浅水三角洲形成与分布时指出，鄂尔多斯盆地晚三叠世浅水三角洲不同沉积微相砂体厚度存在差异，分流河道砂体厚度一般为 4~6m，河口坝一般厚度一般为 2~3m，席状砂厚度一般小于 1m；陈波等（2007）研究江汉盆地西南缘晚白垩世渔洋组时指出，地层呈频繁的砂泥岩互层沉积特征，砂体厚度较薄，厚度主要为 1~6m，仅有少数砂体厚度为 8~10m，砂地比一般小于 0.5；王立武（2012）研究松辽盆地南部姚一段浅水三角洲时指出，不同沉积微相砂体厚度变化较大，但总体较薄，砂体厚度一般为 2~7m；万赟来等研究江汉盆地潜江凹陷新沟咀组盐湖盆地浅水三角洲时指出，沉积物垂向上呈频繁的砂泥岩互层特征，砂体厚度较薄，一般在 1~6m，很少超过 8m，砂地比一般小于 0.6。

综合前人研究表明，薄互层砂体在垂向上一般呈砂泥岩互层特征，不同地区砂体厚度有所不同，但一般小于 8m，砂地比一般为 0.1~0.6。因此，本书将薄互层砂体的概念定义为沉积盆地内发育的砂泥岩互层剖面中，受稳定泥岩层分隔的厚度一般小于 8m 的横向分布范围较广的砂体，砂地比一般为 0.1~0.6，岩性主要为粉砂岩、粉细砂岩、细砂岩和中砂岩，受稳定泥岩分隔的砂体既可以是单一岩性，也可以是多种岩性垂向叠加。

二、薄互层砂体的特征

总结前人对不同类型不同盆地中薄互层砂体沉积环境及沉积特征表明（表 2.1），薄互层砂体沉积具有以下共同的特征：①薄互层砂体沉积时期古气候一般具有相对干旱或半干旱-半潮湿特征；②薄互层砂体沉积背景一般为古地形相对平缓、开阔的坳陷湖盆和断陷湖盆缓坡带，局部发育幅度较低的隆起等正向构造带，平缓的古地形有利于水体扩散流动，使得砂体平面分布广，厚度薄；③受干旱或半干旱-半潮湿气候的影响，季节性水流导致地形坡度平缓的广阔的缓坡带沉积区湖平面呈现频繁的旋回性变化特征，薄互层砂体沉积环境一般具有水体浅、水体

表2.1 不同类型盆地薄互层砂体沉积环境及特征总结

盆地类型	研究区	古气候	古地貌	沉积环境	砂体成因类型	砂体岩性特征	砂体厚度特征
拗陷盆地	松辽盆地南部姚一段	干旱炎热	地形平缓	水体浅、面积小、湖平面升降频繁	浅水三角洲	灰色、灰绿色粉细砂岩、泥质粉砂岩	一般为2~7m
拗陷盆地	松辽盆地三肇凹陷扶余油层	干旱炎热	盆广坡缓	水体浅、湖平面变化频繁	浅水三角洲	灰色中粗砂岩、粉细砂岩、泥质粉砂岩	一般为1.5~4m
拗陷盆地	松辽盆地松南泉四段	干旱	地势平坦	洪水-河漫湖，水体季节性变化	季节性河流、漫湖砂体	红色、灰白色含砾砂岩、中砂岩、细砂岩	——
拗陷盆地	鄂尔多斯上三叠统延长组	——	地形平缓	浅水、湖平面交替变化	浅水三角洲	灰色、灰绿色细砂岩、粉砂岩	一般小于6m
断陷盆地	济阳拗陷南部孔一段、沙四段	干旱-半干旱	地形平坦	洪水-漫湖环境，湖平面升降频繁	漫湖砂体	红色粉砂岩、砂岩、泥质粉砂岩	一般小于4m
断陷盆地	沾化凹陷桩西地区沙二上亚段	半干旱-半潮湿	平坦开阔、局部较高	滨浅湖环境，湖浪、湖流作用强	滨浅湖滩坝	灰色粗砂岩、中砂岩、粉砂岩	一般小于8m
断陷盆地	博兴洼陷沙四段	相对潮湿	地形平坦开阔	湖水面扩大，滨浅湖	滨浅湖滩坝	灰色、灰绿色砂岩	一般为0.15~5m
断陷盆地	东营凹陷沙四上亚段	相对潮湿	地形平缓开阔	滨浅湖环境，湖浪、湖流作用强	滨浅湖滩坝	灰色细砂岩、粉砂岩、泥质粉砂岩	一般为2~8m
断陷盆地	大王北洼陷沙二段	相对干旱	地形平缓，呈碟状	浅水漫湖，湖平面变化频繁	浅水漫湖滩坝	灰绿色细砂岩、粉砂岩	1.5~3m
断陷盆地	江汉盆地渔洋组	干旱	相对平缓	洪水-漫湖环境，湖平面升降频繁	漫湖砂体	红棕色细砂岩、粉砂岩	一般为1~6m
断陷盆地	潜江凹陷新沟咀组	半干旱-半潮湿	地形平缓	盐湖浅水湖泊，湖平面变化频繁	浅水三角洲、漫湖滩坝	紫红色、灰绿色粉细砂岩	一般为1~6m

动荡、湖平面变化频繁的特征，如湖平面升降变化频繁具有漫湖性质的浅湖环境、洪水-漫湖环境及滨浅湖环境等，频繁升降变化的湖平面导致沉积作用不稳定，持续时间短，使得砂体厚度较薄，垂向上呈现出频繁的砂泥岩互层特征。总体而言，薄互层砂体沉积成因类型多样，主要包括浅水三角洲、季节性河流-河漫湖砂体、洪水-漫湖砂体、滨浅湖滩坝砂体及浅水漫湖滩坝砂体等，岩性以紫红色、棕红色、灰绿色、灰色细砂岩、粉砂岩为主，可见中粗砂岩、泥质粉砂岩等，垂向上常与反映干旱氧化环境的紫红色、红色、灰绿色泥岩互层出现，沉积物粒度一般相对较细。

东营凹陷是渤海湾盆地济阳拗陷南部的一个次级构造单元，是我国东部典型的、具有代表性的断陷湖盆，孔一段—沙四段沉积时期为东营凹陷断陷湖盆发育的初始阶段，盆地缓坡带地形平缓、开阔，古气候由干旱-半干旱逐渐转变为半干旱-半潮湿，早期的季节性入湖水流极为发育（袁静，2005），晚期发育了广阔的水体能量较强的滨浅湖沉积环境（操应长等，2009a；邓宏文等，2010；Jiang et al.，2011；李国斌等，2010；杨勇强等，2011；王永诗等，2012），为薄互层砂体的发育提供了良好的古气候和古地貌背景。钻井资料分析表明，东营凹陷南部缓坡带孔一段—沙四段地层呈现为典型的砂泥岩互层特征，其中孔一段—沙四下亚段主要为红色、灰绿色、灰色砂岩与紫红色、红色、灰绿色、灰色泥岩互层（图2.1A）；沙四上亚段主要为灰色砂岩与灰色、灰绿色泥岩互层（图2.1B）。

统计东营凹陷南部缓坡带孔一段—沙四段砂体厚度表明，厚度小于0.5m的砂体占5.9%，厚度为0.5~1.0m的砂体占23.9%，厚度为1.0~1.5m的砂体占25%，厚度为1.5~2.0m的砂体占18.7%，厚度为2.0~2.5m的砂体占10.4%，厚度为2.5~3.0m的砂体占6.4%，厚度为3.0~3.5m的砂体占3.1%，厚度为3.5~4.0m的砂体占2.6%，厚度为4.0~4.5m的砂体占1.4%，厚度为4.5~5.0m的砂体占0.9%，厚度为5.0~5.5m的砂体占0.5%，厚度为5.5~6.0m的砂体占0.4%，厚度大于6.0m的砂体占1%（图2.2）。总体而言，砂体厚度较薄，砂体厚度主要为0.5~4.0m，占90.2%，为典型薄互层砂体沉积。

统计东营凹陷南部缓坡带孔一段—沙四段薄互层砂体岩石类型及其厚度含量表明，薄互层砂体主要发育有中粗砂岩、细砂岩、粉细砂岩、粉砂岩、泥质砂岩及泥质粉砂岩，其中中粗砂岩厚度占总砂岩厚度的比例为3.1%，细砂岩厚度占总砂岩厚度的比例为25.2%，粉细砂岩厚度占总砂岩厚度的比例为13.2%，粉砂岩厚度占总砂岩厚度的比例为41.7%，泥质砂岩厚度占总砂岩厚度的比例为3.7%，泥质粉砂岩占总砂岩厚度的比例为13.1%（图2.3）。由此可见，东营凹陷缓坡带孔一段—沙四段薄互层砂体岩性主要为粉砂岩、细砂岩、粉细砂岩和泥质粉砂岩。

第二章 薄互层砂体的沉积特征

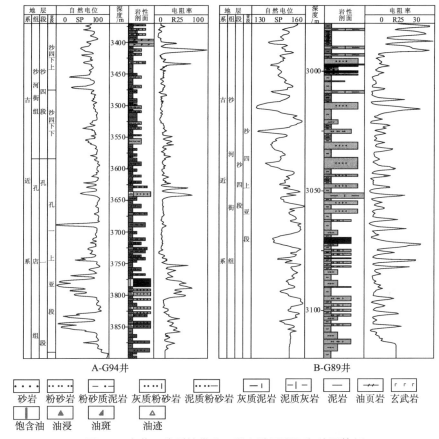

图 2.1 东营凹陷缓坡带孔一段和沙四段沉积地层特征

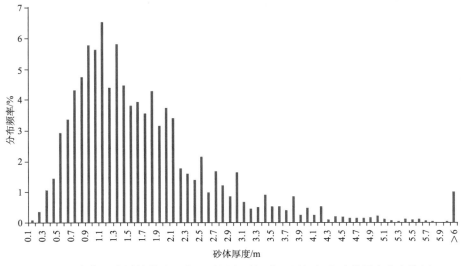

图 2.2 东营凹陷缓坡带孔一段—沙四段砂泥岩互层沉积中砂体厚度分布特征

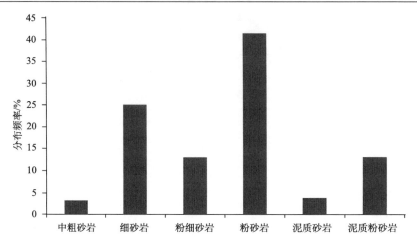

图 2.3 东营凹陷缓坡带孔一段—沙四段薄互层砂体岩石类型及含量

因此,东营凹陷缓坡带孔一段—沙四段沉积时期特殊的古气候及古地貌特征使得沉积环境复杂多变,为薄互层砂体的发育提供了极为有利的条件,孔一段—沙四段沉积时期发育了不同沉积环境下形成的沉积类型多样的薄互层砂体沉积,是断陷湖盆缓坡带薄互层砂体沉积的典型代表。东营凹陷缓坡带孔一段—沙四段是研究断陷湖盆缓坡带薄互层砂体沉积特征及储层成岩改造模式的理想研究区。

第二节 薄互层砂体的沉积成因类型及其特征

东营凹陷孔一段—沙四下亚段红层沉积时期气候干湿交替频繁,湖盆表现为高频振荡性盐湖特征,湖平面的升降变化及水体性质主要受气候控制下的阵发性入湖水流控制,缓坡带具有漫湖特征。沙四上亚段灰层沉积时期气候相对较为潮湿,湖平面位置相对较高,水体分布范围广,缓坡带广大地区以滨浅湖环境为主。沉积环境的差异性导致薄互层砂体沉积成因类型复杂多样。漫湖环境频繁变化的湖平面及水体性质使得缓坡带孔一段—沙四下亚段既发育水上沉积作用又发育水下沉积作用,既发育重力流沉积作用又发育牵引流沉积作用,砂体沉积成因类型多样,主要发育漫湖三角洲沉积、浅水三角洲沉积和漫湖滩坝沉积;滨浅湖环境能量较强的湖浪及湖流作用使得缓坡带沙四上亚段以牵引流作用为主,主要发育滨浅湖滩坝沉积。

一、漫湖三角洲

东营凹陷孔一段—沙四下亚段下段沉积时期气候极为干旱,受干湿气候频繁交替的影响，湖盆缓坡带广阔地区常季节性暴露出水面，由于此时湖平面位置极低，水体范围小，湖平面升降变化频繁，为低水位振荡性盐湖，季节性入湖水流在盆地缓坡带难以形成较为稳定发育的河道，而是以洪水作用为主，具有洪水-漫湖性质，形成了规模较大的漫湖三角洲沉积。

1. 岩石学特征

钻井岩心及薄片资料分析表明，漫湖三角洲砂体中石英含量一般为33.3%~41.8%，平均含量为37.9%；长石含量一般为32.9%~38.3%，平均含量为35.7%，其中钾长石含量一般为14.3%~20%，平均含量为17.7%，斜长石含量一般为15.3%~22.5%，平均含量为18%，钾长石与斜长石含量相差不大；岩屑含量一般为21.5%~30.9%，平均含量为26.2%，其中岩浆岩岩屑含量一般为4%~16.1%，平均含量为8.5%，变质岩岩屑含量一般为8.9%~19.1%，平均含量为14.6%，沉积岩岩屑含量一般为1.9%~6.5%，平均为3.4%，变质岩岩屑含量明显高于岩浆岩岩屑和沉积岩岩屑；成分成熟度一般为0.51~0.73，平均值为0.62，成分成熟度中等偏低（表2.2）。漫湖三角洲沉积岩石类型多样，主要为红色、杂色及灰色含砾砂岩、砂岩、泥质砂岩、泥岩等，依据碎屑组分含量，砂岩岩石类型主要为岩屑质长石砂岩，可见少量长石质岩屑砂岩（图2.4）。

表2.2 东营凹陷缓坡带漫湖三角洲砂体岩石学特征

井号	石英含量/%	长石含量/%			岩屑含量/%				成分成熟度
		钾长石	斜长石	总量	岩浆岩	变质岩	沉积岩	总量	
G41	33.3	17.3	18.2	35.5	13.6	15.7	1.9	30.9	0.51
G44	39.8	19.8	18.5	38.3	4.5	14	3	21.5	0.67
G57	37.3	17.9	17.4	35.3	16.1	8.9	2.9	27	0.6
G58	34.7	14.3	22.5	36.8	13.7	10.1	5.2	28.3	0.56
Guan111	40.1	16.7	17.9	34.6	4.1	19.1	2	25.3	0.67
Wx99	38	20	16.5	36.5	4	15	6.5	25.5	0.61
W130	41.8	17.6	15.3	32.9	3.8	19.1	2.3	25.2	0.73

2. 沉积构造特征

钻井岩心观察描述表明，东营凹陷缓坡带孔一段—沙四下亚段下段漫湖三角洲沉积中沉积构造类型多样，既发育反映重力流性质的沉积构造，同时又发育反映牵引流性质的沉积构造。反映重力流性质的沉积构造主要为冲刷泥砾层、泥岩撕裂屑等，钻井岩心中常可见到层状分布的紫红色或灰绿色的冲刷泥砾及泥岩撕

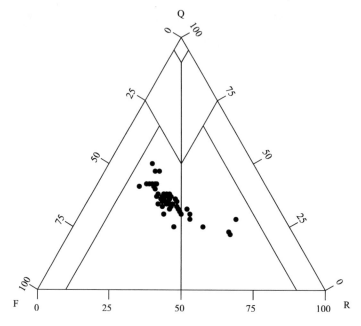

图 2.4 东营凹陷缓坡带漫湖三角洲砂岩岩石类型

Q. 石英；F. 长石；R. 岩屑

裂屑，其底部一般为冲刷-充填构造（图 2.5A、B、C、D），被冲刷的岩层不仅有泥岩，而且还有砂岩被冲刷的现象，冲刷的泥砾常呈顺层排列，反映了能量强的具有重力流性质的洪水水道作用。反映牵引流作用的沉积构造主要包括平行层理、交错层理等（图 2.5E、F、G）。垂向上，反映重力流特征的层理和反映牵引流特征的层理直接接触，层状分布的泥砾层向上突变为平行层理、交错层理发育的砂岩层（图 2.5H），反映了漫湖三角洲沉积过程中水动力作用复杂，兼具重力流性质和牵引流性质。

3. 粒度概率曲线特征

漫湖三角洲沉积物粒度概率曲线类型较为复杂，常可见到宽缓上拱式和低斜一跳一悬式等反映重力流作用存在的粒度概率曲线类型及重力流向牵引流过渡的高斜滚动—跳—悬式粒度概率图（图 2.6A、B、C），同时又可见到高斜一跳一悬式和两跳一悬式等反映牵引流作用的粒度概率曲线（图 2.6D、E、F）。宽缓上拱式粒度概率曲线跳跃次和悬浮次总体无明显转折点，分选差，粒度区间跨度大，反映了重力流作用下的整体悬浮搬运特征。低斜一跳一悬式粒度概率曲线由跳跃次总体和悬浮次总体两部分组成，跳跃次总体斜率较低，40°~50°，分选差，粒度粗，反映重力流等较强水动力无簸选或簸选差的沉积特征。高斜滚动一跳一悬式粒度概率图滚动组分斜率大，50°~70°，含量一般为10%左右，跳跃组分含量一般为70%~80%，反映水体能量强，重力流向牵引流过度的特征。两跳一悬式和高斜一跳一悬式粒度概率曲线含跳跃次总体和悬浮次总体两部分，跳跃次总体斜率较高，60°~70°，分选较好，跳跃次总体与悬浮次总体交界点在2~3.5φ，反映了典型的牵引流水动力特征。

图2.5 东营凹陷缓坡带漫湖三角洲沉积构造特征

A. G41井，1103m，紫红色泥砾层，Ek₁；B. G58井，997.5m，紫红色泥砾层，Ek₁；C. G41井，1101.46m，紫红色、灰绿色泥砾层及冲刷面，Ek₁；D. G58井，995m，灰绿色泥砾层及冲刷面，Ek₁；E. G41井，1075.59m，交错层理，含泥砾及砾石，Ek₁；F. W130井，2081.7m，红色砂岩，平行层理，Ek₁；G. 高41井，1074.51m，交错层理，Ek₁；H. G57井，1041.74m，下部灰绿色泥砾层向上突变为灰绿色平行层理砂岩层，Ek₁

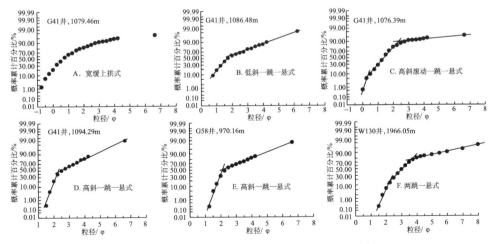

图2.6 东营凹陷缓坡带漫湖三角洲粒度概率曲线特征

4. 砂体厚度分布特征

由图 2.7 可以看出,厚度小于 0.5m 的砂体占 6.6%,厚度为 0.5~1.0m 的砂体占 19.3%,厚度为 1.0~1.5m 的砂体占 24.9%,厚度为 1.5~2.0m 的砂体占 19.8%,厚度为 2.0~2.5m 的砂体占 10.9%,厚度为 2.5~3.0m 的砂体占 8.6%,厚度为 3.0~3.5m 的砂体占 3.1%,厚度为 3.5~4.0m 的砂体占 3.5%,厚度为 4.0~4.5m 的砂体占 1.6%,厚度为 4.5~5.0m 的砂体占 1.2%,厚度大于 5.0m 的砂体占 0.7%。由此可见,漫湖三角洲沉积砂体厚度主要分布在 0.5~3.0m 之间,占 83.4%,砂体厚度相对较薄,垂向上呈现为频繁的砂泥岩互层特征,表明砂体形成过程中水动力作用持续时间较短,反映了频繁升降的湖平面变化特征。

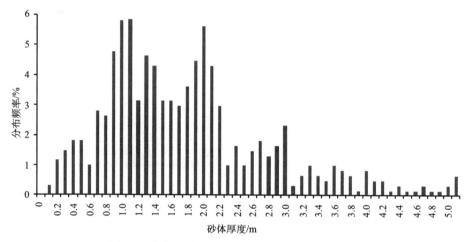

图 2.7 东营凹陷缓坡带漫湖三角洲砂体厚度特征

5. 沉积相序特征

漫湖三角洲沉积常兼有重力流和牵引流的沉积特征,这种特征不仅表现在沉积层理上,在取心井段沉积相序上同样具有明显的特征。漫湖三角洲的形成发育主要受季节性入湖洪水控制,形成早期主要发育一层具有一定厚度的砂质泥砾岩沉积,砾石成分为紫红色或灰绿色泥砾,分选较差、磨圆中等-差,砾岩呈砂岩杂基支撑,粒度概率曲线主要为宽缓上拱式和低斜一跳一悬式,为洪水期的洪水水道携带碎屑物质入湖后坡度减缓、流速降低,水流扩散,碎屑物质发生卸载而形成的大面积的片状沉积,属事件性的重力流沉积(图 2.8 和图 2.9)。事件性沉积之上常发育一套正序的、粒度相对较细的砂体,主要为含泥砾砂岩、中粗砂岩、泥质砂岩等,沉积构造主要为反映牵引流性质的平行层理、交错层理等,具有明显的正韵律特征,分选相对较好,粒度概率曲线主要为一跳一悬式和两跳一悬式,

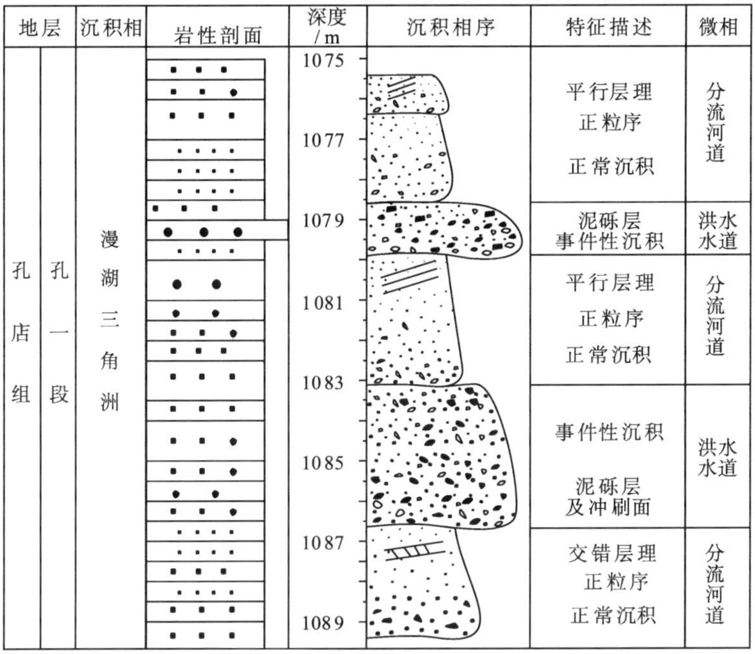

第二章 薄互层砂体的沉积特征

地层	沉积相	岩性剖面	深度/m	沉积相序	特征描述	微相
孔店组 孔一段	漫湖三角洲		1075 1077 1079 1081 1083 1085 1087 1089		平行层理 正粒序 正常沉积	分流河道
					泥砾层 事件性沉积	洪水水道
					平行层理 正粒序 正常沉积	分流河道
					事件性沉积 泥砾层 及冲刷面	洪水水道
					交错层理 正粒序 正常沉积	分流河道

图 2.8 东营凹陷缓坡带 G41 井漫湖三角洲沉积相序特征

地层	沉积相	岩性剖面	深度/m	沉积相序	特征描述	微相
孔店组 孔一段	漫湖三角洲		990 991 992 993 994 995 996 997		平行层理 正粒序 正常沉积	分流河道
					泥砾层 事件性沉积	洪水水道
					正粒序 正常沉积	分流河道
					事件性沉积	洪水水道
					正粒序 正常沉积	分流河道
					事件性沉积	洪水水道
					正粒序 正常沉积	分流河道
					事件性沉积	洪水水道

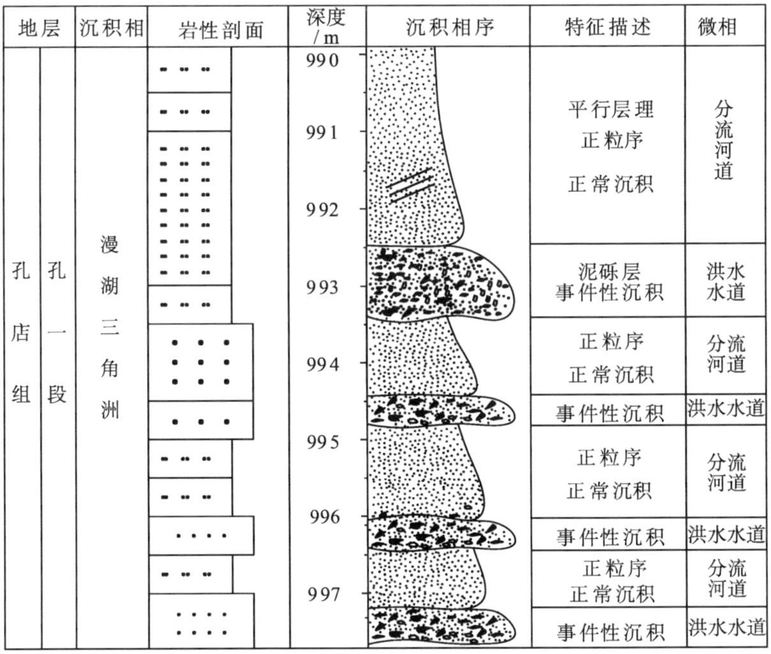

图 2.9 东营凹陷缓坡带 G58 井漫湖三角洲沉积相序特征

为牵引流沉积的结果，即洪水期过后，水流能量减弱，水流在之前形成的水道中以牵引流形式搬运碎屑物质并沉积，进而形成典型的分流河道沉积，对先前沉积的地层冲蚀能力较弱，含泥砾也较少，属区别于事件沉积的正常沉积（图 2.8 和图 2.9）。事件性沉积与正常牵引流沉积常呈突变接触特征。当洪水期再次来临时，又会发生重力流性质的事件沉积，如此反复，形成了漫湖三角洲这种重力流与牵引流交互沉积的明显区别于正常三角洲和冲积扇的沉积相类型。

6. 沉积模式

由上述沉积特征表明，漫湖三角洲主要发育于干旱气候条件下的振荡性湖泊中，其形成常受季节性洪水作用控制，当洪水来临时，洪水经洪水水道流入湖盆，由于水道的突然变宽以及坡度的突然变缓，洪水散流，洪水中所携带的大量碎屑物质快速沉积下来，形成平面上呈扇形或舌状，剖面上呈透镜状的沉积体即为漫湖三角洲。在洪水期，洪水水道携带的大量碎屑物质在湖盆沉积，在旋回底部形成厚层、粗粒的重力流沉积，同时湖盆变广，水体加深，碎屑物质在湖浪的作用下在滨湖区形成河口坝和广泛的席状砂沉积；随着水流能量的逐渐减弱，洪水作用逐渐转变为牵引流作用，在洪水沉积之上发育了一定厚度的牵引流河道沉积（图 2.10A）。在间洪水期，由于气候干旱，水体迅速变浅，湖盆面积萎缩，先期形成的洪水水道及分流河道沉积物大部分暴露水上，仅在湖盆中形成少量的正常细粒牵引流沉积物，覆盖于早先沉积的沉积物之上（图 2.10B）。在垂向上形成砂岩厚度减小，红色泥岩厚度增大的正序沉积。

二、浅水三角洲

东营凹陷沙四下亚段上段沉积时期气候较为干旱，但湖平面相对位置较高，水体范围较大，为高水位振荡性盐湖，但随着干湿气候的交替变化，湖平面的升降幅度仍然非常大，盆地缓坡带仍具有明显的漫湖特征，入湖水流在盆地缓坡带由季节性洪水作用逐渐转变为季节性的河流作用，形成了规模较大的浅水三角洲沉积。

1. 岩石学特征

钻井岩心及薄片资料分析表明，浅水三角洲砂体中石英含量一般为33.3%~47.7%，平均含量为 42.6%；长石含量一般为 33.6%~35.5%，平均含量为34.3%，其中钾长石含量一般为 16.7%~18.2%，平均含量为 17.5%，斜长石含量一般为 16%~17.4%，平均含量为 16.9%，钾长石与斜长石含量相差不大；岩屑含量

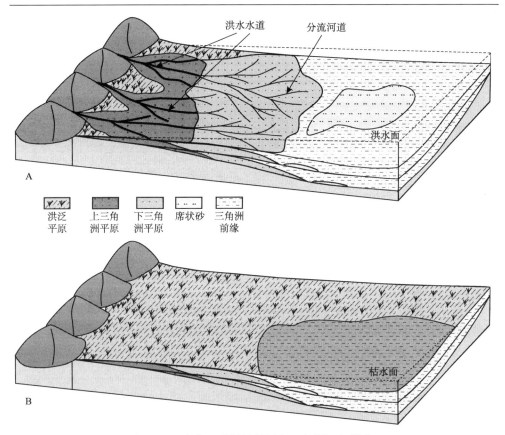

图 2.10 东营凹陷缓坡带漫湖三角洲沉积模式

A.洪水期；B.间洪水期

一般为 18.2%~24.6%，平均含量为 21.2%，其中岩浆岩岩屑含量一般为 2%~5.8%，平均含量为 4.2%，变质岩岩屑含量一般为 9.3%~19.1%，平均含量为 14.5%，沉积岩岩屑含量一般为 0.8%~5%，平均为 2.6%，变质岩岩屑含量明显高于岩浆岩岩屑和沉积岩岩屑；成分成熟度一般为 0.72~0.91，平均值为 0.81，成分成熟度中等（表 2.3）。岩石类型多样，主要为红色、杂色及灰色中粗砂岩、细砂岩、粉砂岩、泥质砂岩、泥岩等，依据碎屑组分含量，砂岩岩石类型主要为岩屑质长石砂岩（图 2.11）。

表 2.3 东营凹陷缓坡带浅水三角洲砂体岩石学特征

井号	石英含量/%	长石含量/%			岩屑含量/%				成分成熟度
		钾长石	斜长石	总量	岩浆岩	变质岩	沉积岩	总量	
Guan111	33.3	16.9	16.7	33.6	3.9	19.1	1.6	24.6	0.73
Guan113	43.2	18.2	17.4	35.5	3.9	12.1	5	21	0.77

续表

井号	石英含量/%	长石含量/%			岩屑含量/%				成分成熟度
		钾长石	斜长石	总量	岩浆岩	变质岩	沉积岩	总量	
Guan125	47.1	17.6	17.1	34.7	5.2	9.3	3.7	18.2	0.9
Guan112	41.5	16.7	17.2	33.9	5.8	17.5	0.8	24.1	0.72
W130	47.7	18	16	34	2	14.7	1.7	18.3	0.91

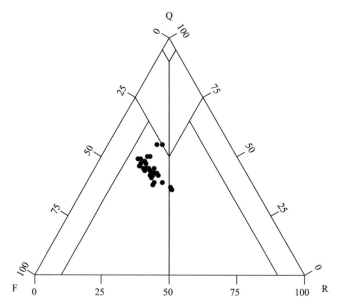

图 2.11 东营凹陷缓坡带浅水三角洲砂岩岩石类型

Q. 石英；F. 长石；R. 岩屑

2. 沉积构造特征

浅水三角洲沉积物中重力流沉积构造少见，主要以反映牵引流沉积的构造为主。在浅水型三角洲分流河道底部也可见到冲刷面现象，其底部可见到灰绿色泥岩撕裂屑，但含量较少（图 2.12），表明强度中等的牵引流对先前沉积物的冲蚀作用。典型的牵引流构造有平行层理、交错层理及沙纹交错层理等（图 2.12）。此外，浅水三角洲还发育有大量的生物钻孔和生物扰动构造（图 2.12），钻孔平面上呈大小不一的圆形或椭圆形，剖面上呈直立或倾斜，钻孔充填物与周围沉积物在颜色或成分或粒度上存在明显差别。泥岩颜色具有灰绿色、灰色和红色两种主色调，见两种色调交互出现，这是因为浅水三角洲沉积时期湖盆地形平缓，处于弱氧化-弱还原的环境，受河流水量补给和干旱气候影响，湖面产生周期性的波动，湖平面稍微下降就可产生大面积的浅水环境，使沉积物露出水面而遭受氧化，如此便形成红色泥岩与灰绿色泥岩的互层沉积。

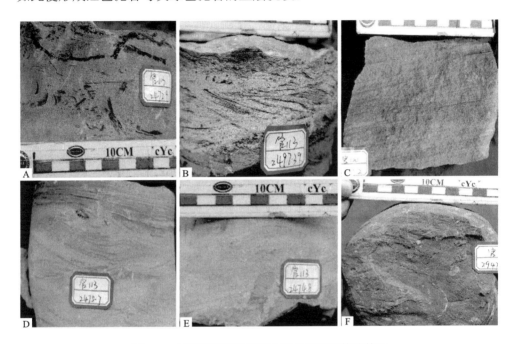

图 2.12 东营凹陷缓坡带浅水三角洲沉积构造特征

A. Guan113 井，2472.9m，泥岩撕裂屑，Es_4x^s；B. Guan113 井，2497.39m，楔状交错层理，Es_4x^s；C. Guan120 井，2950.2m，平行层理，Es_4x^s；D. Guan113 井，2475.7m，沙纹交错层理，Es_4x^s；E. Guan113 井，2474.8m，生物钻孔，Es_4x^s；F. Guan120 井，2947.89m，生物钻孔，Es_4x^s

3. 粒度概率曲线特征

浅水三角洲粒度概率曲线主要有多跳跃多悬浮多段式、滚动跳跃加悬浮式、两跳一悬式和一跳一悬式四种类型（图 2.13）。多段式粒度概率曲线由多个滚动次总体、跳跃次总体和悬浮次总体组成，分选差，粒度较粗，反映较强水动力沉积特征，常反映能量较强的河流沉积；滚动跳跃加悬浮式粒度概率曲线滚动组分斜率低，10°~20°，含量一般为10%左右，跳跃组分斜率为50°~60°，含量一般为70%~80%，反映水体能量强的牵引流沉积作用，常为河流作用或分流河道流体；两跳一悬式和一跳一悬式粒度概率曲线含跳跃次总体和悬浮次总体两部分，跳跃次总体斜率较高，60°~70°，分选较好，跳跃次总体与悬浮次总体交界点在2.5~4φ，反映了典型的牵引流水动力特征。

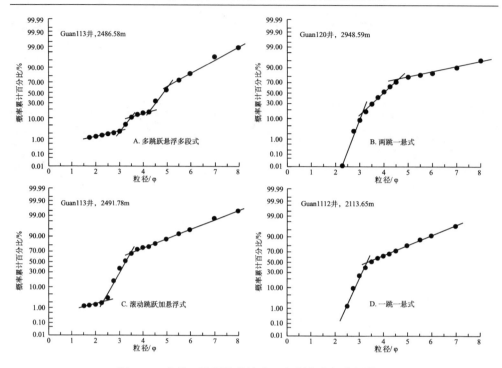

图 2.13　东营凹陷缓坡带浅水三角洲粒度概率图特征

4. 砂体厚度分布特征

由图 2.14 可以看出，厚度小于 0.5m 的砂体占 13%，厚度为 0.5~1.0m 的砂体占 30.5%，厚度为 1.0~1.5m 的砂体占 24.7%，厚度为 1.5~2.0m 的砂体占 16.2%，

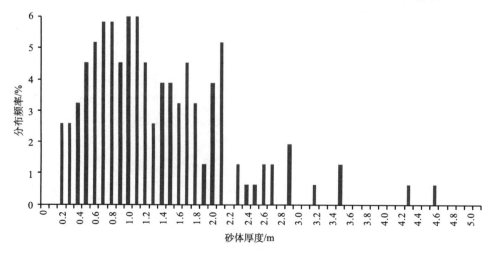

图 2.14　东营凹陷沙四下亚段上段浅水三角洲砂体厚度特征

厚度为 2.0~2.5m 的砂体占 7.8%,厚度为 2.5~3.0m 的砂体占 4.5%,厚度为 3.0~3.5m 的砂体占 1.9%,厚度大于 3.5m 的砂体占 1.3%。由此可见,浅水三角洲沉积砂体厚度主要分布在 0.4~2.1m,占 84.4%,砂体厚度相对较薄,垂向上呈现为频繁的砂泥岩互层特征,表明砂体形成过程中水动力作用持续时间较短,反映了频繁升降的湖平面变化特征。

5. 沉积相序特征

钻井岩心表明,浅水三角洲垂向常表现为多个正序旋回的叠加,正旋回底部常发育冲刷充填构造,此为典型的分流河道沉积特征(图 2.15),岩性一般较细,一般为中细砂岩,可见含砾砂岩或含泥砾砂岩,发育平行层理、交错层理等,正序旋回对应的粒度概率曲线一般为一跳一悬式,可见滚动跳跃加悬浮式。浅水三角洲垂向相序还可见多个下细上粗的反序旋回叠加,岩性一般为粉砂岩或细砂岩,发育平行层理、交错层理、沙纹层理等,粒度概率曲线主要为一跳一悬式和两跳一悬式,可见少量多段式,为浅水三角洲河口坝沉积(图 2.16)。

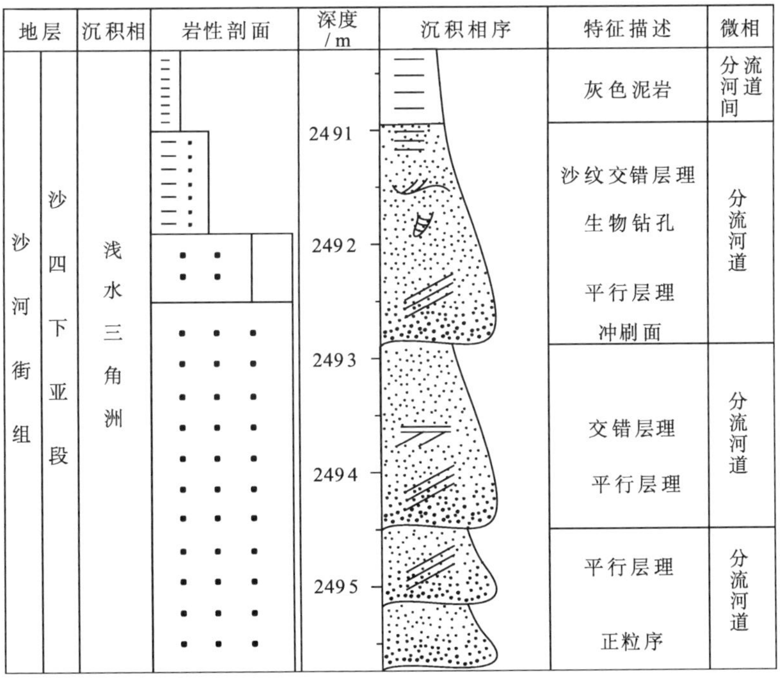

地层	沉积相	岩性剖面	深度/m	沉积相序	特征描述	微相
沙河街组	沙四下亚段	浅水三角洲	2491		灰色泥岩	分流河道间
			2492		沙纹交错层理 生物钻孔 平行层理 冲刷面	分流河道
			2493		交错层理 平行层理	分流河道
			2494			
			2495		平行层理 正粒序	分流河道

图 2.15 东营凹陷缓坡带 Guan113 井浅水三角洲沉积相序特征

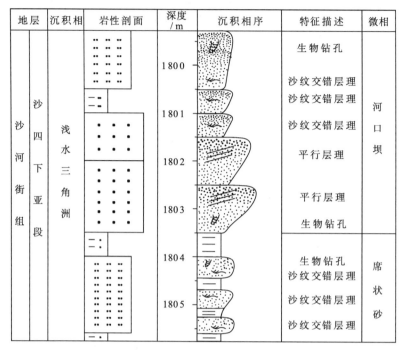

图 2.16 东营凹陷缓坡带 Guan125 井浅水三角洲沉积相序特征

6. 沉积模式

在气候相对潮湿时期，缓坡带河流作用强烈，携带大量碎屑物质的河流在进入湖泊后，由于缓坡带的地形坡度较为平缓，河流分叉增多，水流能量降低，碎屑物质大量沉积，形成大量分流河道砂体，又由于分流河道的不断改道，砂体连片分布。在分流河道的分岔口或河口前方，河流搬运的碎屑物质最终沉积下来，形成河口坝沉积，河口坝常沿地形较高处呈条带状分布，受波浪作用的影响，砂体在垂向上呈下细上粗的反韵律特征。由于浅水三角洲沉积体表面长期处于浅水环境，季节性、周期性的湖平面频繁波动产生的湖水冲刷-回流及水深增加形成的波浪、沿岸流等水动力对表面沉积物的改造十分强烈，分流河道也因湖面频繁波动极易改道，这些都导致分流河道、河口坝砂体被席状化，形成三角洲前缘广而薄的席状砂沉积（图 2.17）。

因此，相对于正常深水三角洲而言，浅水三角洲具有平盆浅水特征，三角洲完全发育在滨浅湖区，受河流作用明显，在三角洲前缘席状砂分布较广的特征。由于碎屑物质的沉积受到相对湖平面变化的影响，导致灰绿色砂、泥岩和红色砂、泥岩的交互出现。受河流作用明显，箱状、指状河道砂岩发育，同时也发育漏斗状的河口坝砂岩和尖峰状席状砂，泥岩颜色呈现红色、灰绿色和深灰色。在钻井岩心观察描述的基础上,根据三角洲的沉积环境特征可以将浅水三角洲划分为三角洲平原、三角洲前缘和前三角洲三个亚相(图 2.17)。其中三角洲平原以发育分流河道和冲积河道沉积为主;三角洲前缘可以划分为内前缘和外前缘,内前缘位于平均高水位线和平均低水位线之间,主要发育水下分流河道及河口坝沉积,外前缘位于平均低水位线以下,主要发育远端水下分流河道砂和席状砂沉积(邹才能等,2008;朱筱敏等,2012)。前三角洲发育规模较小,主要为滨浅湖泥沉积。

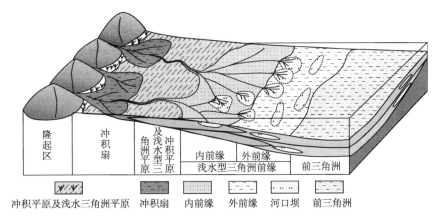

图 2.17　东营凹陷缓坡带浅水三角洲沉积模式

三、漫湖滩坝

东营凹陷孔一段—沙四下亚段红层沉积时期,气候干旱且干湿交替频繁,气候相对潮湿时期,入湖水流量增大,相对湖平面升高,湖盆内部发育了一定规模的间歇性漫湖浅水环境,受波浪作用对漫湖三角洲及浅水三角洲前端砂体改造的影响,在其前部发育了规模相对较小的漫湖滩坝沉积。

1. 岩石学特征

漫湖滩坝物质主要来源于附近的漫湖三角洲及浅水三角洲等砂体,受波浪作用影响,分选性较好,粒度较细,石英及长石含量较高,岩屑含量较低,岩石成分成熟度较高。漫湖滩坝砂体中石英含量一般为38.7%~55.5%,平均含量为47.1%;长石含量一般为 25%~39.7%,平均含量为 35.3%,其中钾长石含量一般为 10%~22%,平均含量为 18.1%,斜长石含量一般为 15%~21%,平均含量为 17.2%,钾长石与斜长石含量相差不大;岩屑含量一般为 6.5%~25%,平均含量为 17.3%,岩屑含量明显降低,其中岩浆岩岩屑含量一般为 0.5%~11%,平均含量为 4.4%,变质岩岩屑含量一般为 5.7%~14%,平均含量为 10.2%,沉积岩岩屑含量一般为

0~6.3%,平均为 2.7%,变质岩岩屑含量明显高于岩浆岩岩屑和沉积岩岩屑;成分成熟度一般为 0.64~1.25,平均值为 0.92,成分成熟度中等偏高(表 2.4)。漫湖滩坝岩性主要为灰绿色、棕红色粉砂岩、泥质粉砂岩与棕红色泥岩、粉砂质泥岩互层,砂岩类型主要为长石砂岩和岩屑质长石砂岩(图 2.18)。

表 2.4　东营凹陷缓坡带漫湖滩坝砂体岩石学特征

井号	石英含量/%	长石含量/%			岩屑含量/%				成分成熟度
		钾长石	斜长石	总量	岩浆岩	变质岩	沉积岩	总量	
Guan12	55.5	22	16	38	0.5	6	0	6.5	1.25
Guan112	43	17	18	35	11	11	0	22	0.75
Guan118	53.7	20	15.3	35.3	3.3	5.7	1.7	10.7	1.17
Guan120	55	10	15	25	2.5	10.5	6	19	1.25
W96	44.6	19.2	16.4	35.6	6.2	13.6	0.2	20	0.81
Wx99	38.7	18.3	17.3	35.7	4.7	14	6.3	25	0.64
W135	46.6	19.4	19	38.4	8.4	6.2	0.4	15	0.87
Wx131	44.3	18.3	17	35.3	3	12.5	5	20.5	0.79
W46	44	18.7	21	39.7	1.4	10.9	3.3	15.5	0.82
Hk1	45.7	18.1	16.8	34.9	2.8	11.9	4.2	19	0.87

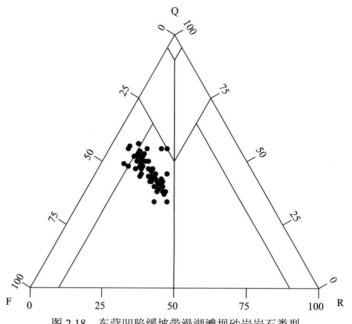

图 2.18　东营凹陷缓坡带漫湖滩坝砂岩岩石类型

Q. 石英;F. 长石;R. 岩屑

2. 沉积构造特征

漫湖滩坝砂体沉积构造类型多样，常见平行层理、浪成沙纹交错层理、沙纹层理、交错层理、变形构造等（图 2.19A、B、C、D），反映了能量较强的波浪作用；生物钻孔及生物扰动构造非常发育，岩心中常见生物潜穴切穿层理中纹层及层系，使之呈断续状，生物潜穴类型多样，主要有垂直、倾斜、水平三种类型（图 2.19E、F）。

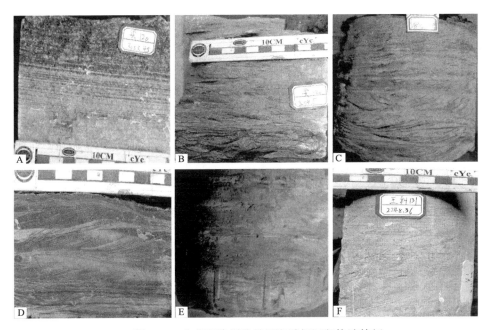

图 2.19　东营凹陷缓坡带漫湖滩坝沉积构造特征

A. L120 井，3053.45m，平行层理，Es_4x^s；B. L120 井，3099.5m，低角度交错层理及变形构造，Es_4x^s；C. Cg1 井，2316.3m，浪成交错层理，Es_4x^x；D. Hk1 井，3968.3m，紫红色粉砂岩，沙纹交错层理，Es_4x^s；E. Cg1 井，2319m，生物钻孔，Es_4x^x；F. Wx131 井，2248.36m，生物钻孔及扰动，Ek_1

3. 粒度概率曲线特征

漫湖滩坝砂体粒度概率曲线主要为两跳一悬式，曲线含跳跃次总体和悬浮次总体两部分，跳跃次总体斜率较高，可达 60°~70°，分选较好，跳跃次总体与悬浮次总体交界点在 2.5~4φ，反映了典型的牵引流水动力特征，主要为波浪作用的响应（图 2.20）。通过大量粒度概率曲线统计发现，滩坝沉积早中期，跳跃总体含量较高，一般在 50% 以上，分选也较好；滩坝沉积晚期，跳跃总体含量降低，分选明显变差，而悬浮总体含量升高，反映了漫湖滩坝沉积过程中湖水能量不断降低的特征。

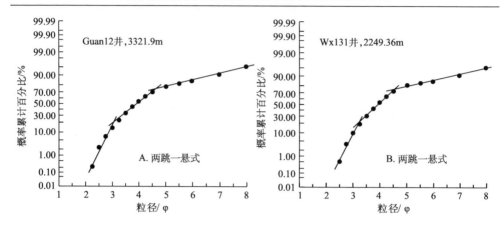

图 2.20　东营凹陷缓坡带漫湖滩坝粒度概率图特征

4. 砂体厚度分布特征

由图 2.21 可以看出，厚度小于 0.4m 的砂体占 4%，厚度为 0.4~1.1m 的砂体占 66.1%，厚度为 1.2~2.1m 的砂体占 25.6%，厚度大于 2.2m 的砂体占 4.2%。由此可见，漫湖滩坝砂体厚度主要分布在 0.4~2.1m，砂体厚度相对更薄，同样反映了频繁升降的湖平面变化特征。

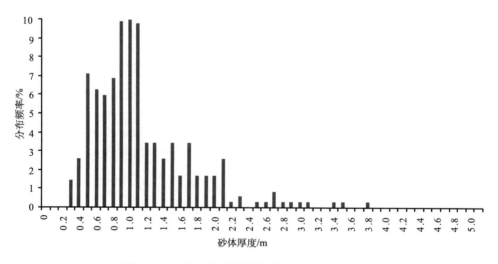

图 2.21　东营凹陷缓坡带漫湖滩坝砂体厚度特征

5. 沉积相序特征

钻井岩心观察描述表明，漫湖滩坝在垂向上常表现为多个厚度较薄的反序旋回的叠加，常可见沉积物粒度由细变粗再变细的复合相序，另外局部地区可见正序旋回，可能是波浪对漫湖三角洲或浅水三角洲砂体改造不彻底所致（图2.22）。录井资料分析表明，靠近盆地内侧发育的漫湖滩坝垂向上常与紫红色、红色、灰绿色泥岩、含膏泥岩、泥质膏岩及膏盐岩互层，这是由于气候相对潮湿时期，湖盆水体增加，盐度降低，水体能量较强，以发育漫湖滩坝沉积为主；气候相对干旱时期，湖盆水体降低，盐度升高，水体能量较弱，以沉积泥岩及膏盐岩为主，湖平面高频振荡性变化导致漫湖滩坝砂体厚度较薄且与盐湖沉积呈互层特征（图2.23）。

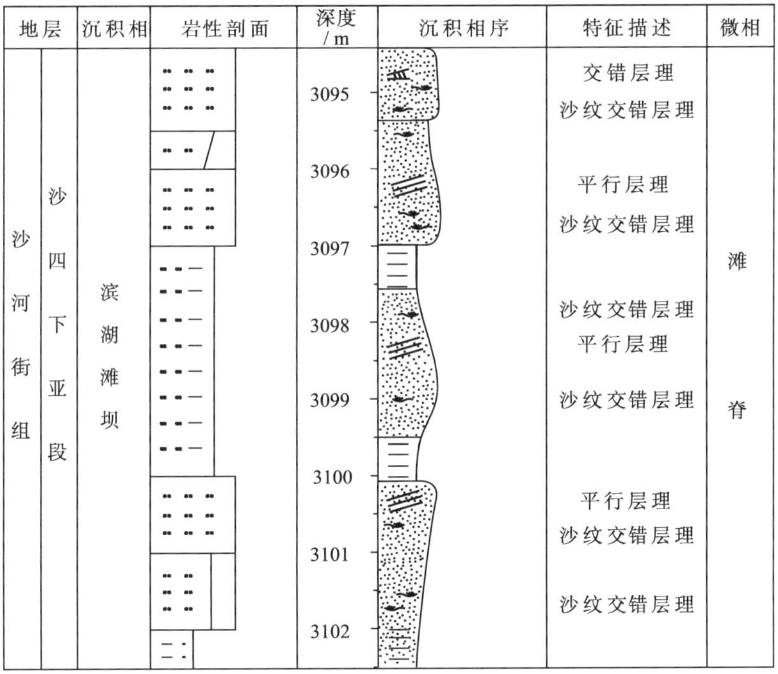

地层	沉积相		岩性剖面	深度/m	沉积相序	特征描述	微相
沙河街组	沙四下亚段	滨浅湖滩坝		3095 3096 3097 3098 3099 3100 3101 3102		交错层理 沙纹交错层理 平行层理 沙纹交错层理 沙纹交错层理 平行层理 沙纹交错层理 平行层理 沙纹交错层理 沙纹交错层理	滩脊

图2.22 东营凹陷缓坡带L120井漫湖滩坝沉积相序特征

四、滨浅湖滩坝

沙四上亚段沉积时期，气候相对潮湿，湖平面位置相对较高，湖盆缓坡带具有平盆广水特征，以滨浅湖沉积环境为主，波浪和沿岸流等湖流作用强烈，缓坡带发育了规模巨大的滨浅湖滩坝沉积。孔一段—沙四下亚段沉积时期发育的漫湖滩坝与沙四上亚段发育的滨浅湖滩坝的沉积特征具有较为明显的差异。

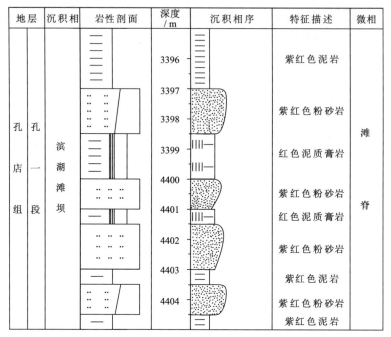

图 2.23　东营凹陷缓坡带 Hk1 井漫湖滩坝沉积相序特征

1. 岩石学特征

在钻井岩心观察描述的基础上，统计东营凹陷南坡沙四上亚段西段和东段滩坝砂体的岩石矿物成分表明，西段滩坝砂体的岩石类型主要为岩屑质长石砂岩，可见到少量的长石砂岩和长石质岩屑砂岩；东段滩坝砂体岩石类型主要为岩屑质长石砂岩，少量为长石质岩屑砂岩（图 2.24）。沙四上亚段西段和东段滨浅湖滩

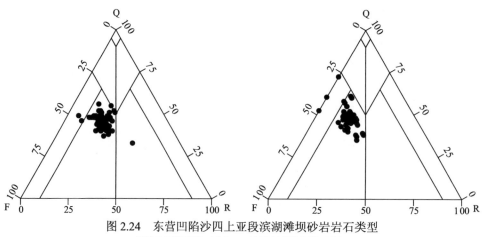

图 2.24　东营凹陷沙四上亚段滨湖滩坝砂岩岩石类型

沙四上亚段西段（左），沙四上亚段东段（右）

Q. 石英；F. 长石；R. 岩屑

坝砂岩碎屑组分含量及成分成熟度特征如表2.5所示。沙四上亚段西段滩坝砂体石英含量一般为39%~53.5%，平均含量为46.1%；长石含量一般为25%~45%，平均含量为33.9%，其中钾长石含量一般为12.5%~23%，平均含量为17.7%，斜长石含量一般为10%~22%，平均含量为16.2%，钾长石含量稍高于斜长石含量；岩屑含量一般为7.5%~26%，平均含量为19.8%，其中岩浆岩岩屑含量一般为0~7.6%，平均含量为3.7%，变质岩岩屑含量一般为4%~21%，平均含量为12.3%，沉积岩岩屑含量一般为0~13%，平均为3.8%，变质岩岩屑含量明显高于岩浆岩岩屑和沉积岩岩屑；成分成熟度一般为0.64~1.15，平均值为0.88，成分成熟度中等偏高。沙四上亚段东段滩坝砂体石英含量一般为39.2%~54.7%，平均含量为46.1%；长石含量一般为30.3%~37.2%，平均含量为33.4%，其中钾长石含量一般为12.3%~20.8%，平均含量为17.1%，斜长石含量一般为14.7%~18.1%，平均含量为16.6%，钾长石含量稍高于斜长石含量；岩屑含量一般为15%~25.2%，平均含量为20.9%，其中岩浆岩岩屑含量一般为1.6%~6.4%，平均含量为4.2%，变质岩岩屑含量一般为9.3%~19.3%，平均含量为14.5%，沉积岩岩屑含量一般为1.3%~4.7%，平均为2.7%，变质岩岩屑含量明显高于岩浆岩岩屑和沉积岩岩屑；成分成熟度一般为0.65~1.39，平均值为1.01，成分成熟度相对较高。总体而言，沙四上亚段西段和东段滨浅湖滩坝砂体岩石学特征无明显差别，滨浅湖滩坝砂体成熟度高于漫湖滩坝。

表2.5 东营凹陷缓坡带沙四上亚段滨浅湖滩坝砂岩岩石学特征

地区	井号	石英含量/%	长石含量/%			岩屑含量/%				成分成熟度
			钾长石	斜长石	总量	岩浆岩	变质岩	沉积岩	总量	
西段	Bo103	48.6	18.8	17.8	36.6	5	9.8	0	14.6	0.95
	Bo104	44.3	19.3	18.8	38	4	12.5	1.3	17.8	0.8
	Bo901	43.3	16.3	14.3	30.7	3	21	0.3	24.3	0.81
	Bo120	46.2	17.6	14.2	31.8	5.2	12	4.8	22	0.86
	F143	48	19.8	19.4	39.2	0	10.7	2.1	12.8	0.92
	G351	48.5	16.6	17.6	34.1	7.6	9	0.8	17.4	0.94
	G8	41	20	18	38	6	15	0	21	0.69
	G890	42.8	17	15.8	32.8	1.8	17.4	3.8	24.5	0.77
	G893	47.5	23	22	45	1	6.5	0	7.5	0.91
	G894	44	18	16	34	2	16.5	2.5	22	0.8
	C371	48.5	17.9	18.8	36.6	5.6	8.1	1.1	14.9	0.94
	C106	53.5	15	10	25	4.5	4	13	21.5	1.15
	C374	45.3	21	16	37	5.3	12.3	0	17.7	0.83

续表

地区	井号	石英含量/%	长石含量/%			岩屑含量/%				成分成熟度
			钾长石	斜长石	总量	岩浆岩	变质岩	沉积岩	总量	
西段	L105	51.3	17	15	32	2.3	12	2	16.7	1.06
	L112	45.8	19	16	35	3.5	11	4.3	19.3	0.85
	C108	49.5	15.8	13	28.8	2.8	13.3	5.5	21.5	0.99
	B424	51	12.5	14	26.5	1.5	9.5	11.5	22.5	1.04
	B425	44	15.8	19	34.8	3.4	11.4	7.4	21.2	0.79
	B427	46.4	17.6	14.8	32.4	5	13.2	3	21.2	0.87
	L218	47.5	15.9	14.3	30.1	6.4	9.8	6.3	22.4	0.91
	L225	39	19	16	35	4	12	10	26	0.64
	L90	40.5	17.8	16.8	34.5	2	20	3	25	0.8
	L902	44.7	16.7	16	32.7	3.7	15.3	3.7	22.7	0.81
东段	W58	40.2	18	16.7	34.7	4.2	19.3	2.3	25.2	0.75
	W580	46.3	16	16	32	4.5	15.8	2	21.8	0.97
	Wx583	45.3	16.4	17.7	34	3.8	16	2.5	21.4	0.92
	W126	48.3	17.1	17.2	32.8	4.3	14.6	2.6	21.4	1.3
	Wx128	46.7	18	14.7	32.7	5	11	4.7	20.7	1.08
	W125	54.1	12.8	18.1	30.9	1.6	12.8	2.5	15	1.28
	Wx122	39.8	20.3	17	37.2	6.4	13.6	2.8	22.8	0.79
	W100	54.7	15.7	14.7	30.3	2.3	9.3	3.3	15	1.39
	Lai109	39.2	19.2	17	36.2	5.4	18.2	1.3	24.6	0.65

2. 沉积构造特征

钻井岩心观察表明,沙四上亚段滩坝砂岩中主要发育有交错层理、平行层理、波状层理、沙纹层理、变形构造等沉积构造,反映浅水的波浪冲刷和沿岸流对沉积物的改造作用,有时可见到丘状和洼状层理,反映风暴沉积的存在。另外,生物钻孔、生物扰动等沉积构造特别发育。

（1）典型的波浪成因的沉积构造

在滨浅湖滩坝沉积环境中,波浪是非常重要的一种水动力条件,伴随着波浪运动,在沉积物形成了系列与波浪作用有关的沉积构造,如浪成沙纹交错层理、低角度交错层理、浪成波痕等（图2.25）,其中浪成沙纹交错层理最为常见,且岩心中沉积纹层倾向具有双向性的特点,反映多向水流的存在。

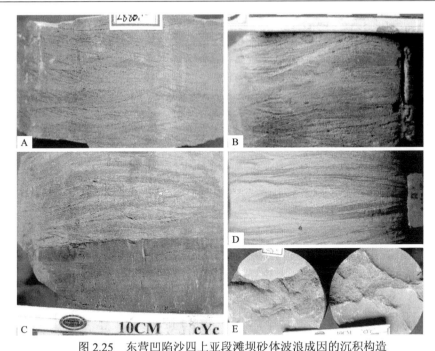

图 2.25 东营凹陷沙四上亚段滩坝砂体波浪成因的沉积构造

A. C107 井，2886.75m，浪成交错层理；B. G351 井，2447.89m，浪成沙纹交错层理；C. F137 井，3213.9m，浪成交错层理，岩性突变面；D. G893 井，3281.63m，浪成沙纹交错层理；E. F119 井，3296.8m，浪成波痕

（2）强水动力成因的沉积构造

碎屑岩滩坝一般形成于广阔的滨浅湖地区，水体流畅，水动力条件相对较强，因此，沉积物中较强的牵引流作用所形成的沉积构造较常见，特别是在滩坝上部较粗沉积物中多以发育平行层理及交错层理为特征（图 2.26），层面也可见剥离线理，反映弗劳德数（Fr）接近于 1 或大于 1 的水动力条件背景下所形成的沉积构造。

（3）同沉积变形构造

滨浅湖滩坝砂体沉积厚度一般较薄，呈频繁的砂泥岩互层特征，由于差异压实作用及较强的水动力作用特征，在东营凹陷沙四上亚段滩坝砂体中发育了较多的同沉积变形构造，如砂球、砂枕、重荷模、火焰构造及液化砂岩脉等（图 2.27）。

（4）生物成因构造

滩坝砂体主要发育于滨浅湖地带的沉积体，该环境由于遭受波浪和沿岸流等湖流扰动，水体循环良好，氧气充足，透光性好，适合各种生态的水生生物繁殖，因此，沉积物中生物扰动、生物钻孔等生物成因的沉积构造发育（图 2.28），滩坝沉积体系中相对较粗沉积物中生物钻孔多以垂直或倾斜为主，细粒沉积物或浅湖泥岩中多以水平或倾斜为主。当生物活动强烈时，沉积物多呈斑块状，甚至表现为块状，而见不到任何沉积构造，这是由于生物强烈扰动，破坏了沉积物中以前的沉积构造，而表现为均一化的特征。

图 2.26　东营凹陷沙四上亚段滩坝砂体强水动力成因的沉积构造

A. F143 井，3192.4m，交错层理；B. G890 井，2873.1m，平行层理及交错层理；C. G890 井，2599.6m，平行层理；D. F137 井，3172.8m，平行层理

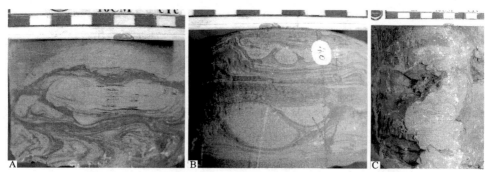

图 2.27　东营凹陷沙四上亚段滩坝砂体同沉积变形沉积构造

A. F137 井，3166.7m，砂枕、砂球及揉皱变形；B. F143 井，3114m，砂球、重荷模及火焰构造；C. F143 井，3116m，液化砂岩脉

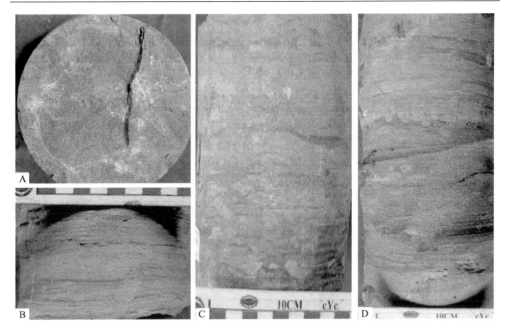

图 2.28 东营凹陷沙四上亚段滩坝砂体生物成因的沉积构造

A. G351 井，2463.3m，水平及垂直生物钻孔；B. G890 井，2623m，水平及倾斜生物钻孔；C. F143 井，3111.7m，生物钻孔及强烈生物扰动；D. G893 井，3210.3m，水平及倾斜生物钻孔，生物扰动

3. 粒度概率曲线特征

东营凹陷沙四上亚段滩坝砂体粒度资料分析表明，滩坝砂体的粒度中值一般为 3~5φ，表明组成滩坝的物质多为细砂-粉砂；分选系数一般小于 2，分选系数相对较好，反映了滩坝形成过程中强水动力作用特征。滩坝砂岩粒度概率曲线主要发育两跳一悬式、一跳一悬式、滚动跳跃加悬浮式和宽缓上拱式（图 2.29）。两跳一悬式和一跳一悬式粒度概率曲线最为常见，反映了滩坝砂体波浪作用明显，通过对这两种曲线的特征数值进行统计表明（表 2.6），跳跃次总体和悬浮次总体的交切点范围跨度相对较大，一般为 2.7~4.7φ，平均值为 3.5~4.4φ；跳跃次总体含量一般为 60%~90%，平均含量为 65%~80%，跳跃次总体斜率一般为 50°~70°，反映了沉积物分选相对较好；悬浮次总体含量一般为 10%~40%，平均含量为 20%~35%。滚动、跳跃加悬浮粒度概率曲线主要见于 B427 井、L90 井、L218 井和 L230 井等井区，反映了坝侧缘水动力相对较弱的沉积作用。滚动次总体与跳跃次总体交切点一般为 0~0.7φ，最大为 1.75φ，斜率变化大，跳跃次总体与悬浮次总体交切点一般为 3.7~5φ，斜率为 10°~40°。滚动次总体含量均小于 2%，跳跃次总体含量一般为 60%~80%。宽缓上拱式粒度概率曲线无明显拐点，反映了能量

较强的水动力特征，主要发育于 G890 井和 Bo104 井，表明可能存在坝后风暴沉积。总体而言，滨浅湖滩坝砂体粒度比漫湖滩坝粗，经历的水动力较强。

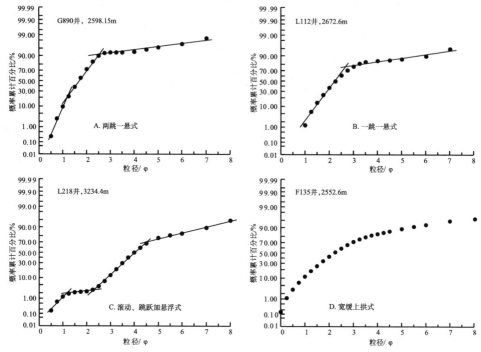

图 2.29　东营凹陷沙四上亚段滨浅湖滩坝砂岩粒度概率图特征

表 2.6　东营凹陷沙四上亚段滩坝两跳一悬式和一跳一悬式粒度概率曲线特征

井号	交切点/φ		跳跃次总体含量/%		悬浮次总体含量/%	
	一般	平均	一般	平均	一般	平均
G890	3.4~4.2	3.7	78~91	87	7~22	13
F143	3.4~4.6	4.2	60~82	70	18~46	30
F120	3.5~4.2	3.9	58~66	62	34~42	38
G893	4.2~4.7	4.4	66~70	68	30~34	32
Bo103	3.7~4.4	4.1	58~72	69	26~42	31
Bo104	3.4~4.4	3.9	62~80	73	26~38	27
L112	3.5~4.5	3.9	72~87	80.5	13~28	19.5
L109	3.4~4.4	3.7	76~84	79	16~24	21
L105	3.9~4.4	4.1	54~84	67.2	16~46	32.8
B417	3.6~4.4	4	63~80	74	20~37	26

续表

井号	交切点/φ		跳跃次总体含量/%		悬浮次总体含量/%	
	一般	平均	一般	平均	一般	平均
B427	3.7~4.3	4.1	62~78	71	22~38	29
L90	2.7~4.3	3.4	60~86	77	14~40	23
L218	3.3~4.5	3.7	70~89	77	11~30	23
L230	3.4~4.1	3.7	63~74	70	26~37	30
L232	3.4~3.6	3.5	68~79	68.5	21~32	26.5

4. 环境敏感粒度组分特征

环境敏感粒度组分是指那些对沉积环境中水体能量变化敏感，能够指示沉积环境中不同能量的水动力的粒度组分。环境敏感粒度组分分析是一种从多峰态的频率分布曲线中分离出单一粒度组分，进而进行沉积水动力研究的方法（孙有斌等，2003；肖尚斌、李安春，2005）。由于不同能量的水动力所能搬运、沉积的沉积物粒度具有一定的范围，超过这个范围的沉积物将不能在该水动力条件下被搬运和沉积，因此不同能量的水动力具有不同的环境敏感粒度组分。粒级-标准偏差法是目前常用的从全样的粒度数据中分离单一粒度组分进而进行环境敏感粒度组分分析的方法（孙有斌等，2003；肖尚斌，李安春，2005；操应长等，2010），标准偏差越大，说明该粒级别对沉积环境越敏感。东营凹陷缓坡带沙四上亚段滩坝砂体中主要存在三种类型的粒级-标准偏差图，分别为两峰型、三峰型和多峰型，其中三峰型又可以分为Ⅰ型和Ⅱ型两个亚类（图2.30）。两峰型分布较少，主要见于G893井和L225井，两个高值峰点所对应的粒级分别为31μm和125μm，分界点为74μm，最大敏感粒度为297μm。三峰型在滩坝砂体中分布广泛，以三峰Ⅰ型为主，三峰Ⅱ型仅在局部可见。三峰Ⅰ型第一个峰点粒级一般为4μm；第二个峰点粒级一般为31μm，少数为22μm；第三个峰点粒级一般为125μm和149μm。第一个谷点粒级均为16μm；第二个谷点粒级一般为44~88μm；最大敏感粒度为354μm。三峰Ⅱ型三个峰点的粒级分别为4μm、105μm和297μm，两个谷点的粒级分别为22μm和177μm，最大敏感粒度为707μm。多峰型主要分布在纯化地区，一般存在4~5个高值峰，这些峰点的粒级分别为8μm（少数不存在此峰点）、22μm或33μm、44μm或53μm、88μm、125μm或149μm；峰点之间的谷点的粒级一般分别为16μm、31μm或44μm、63μm或74μm、105μm；最大敏感粒度为297μm或354μm。多峰型粒级-标准偏差图的高值峰常被明显的分为三组或两组。

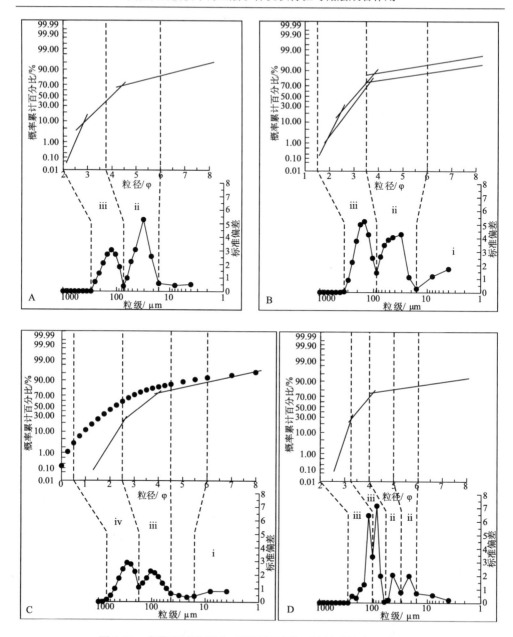

图 2.30 东营凹陷沙四上亚段滩坝砂体环境敏感粒度组分分析

A. 两峰型 (G893 井); B. 三峰Ⅰ型(L112 井); C.三峰Ⅱ型(F135 井); D.多峰型(C372 井)

  两峰型和多峰型粒级-标准偏差图对应的粒度概率曲线主要为两跳一悬式,三峰Ⅰ型对应的主要为一跳一悬式和两跳一悬式,三峰Ⅱ型对应的主要为宽缓上拱式和两跳一悬式。通过上述滩坝砂体粒级-标准偏差图特征数据分析及与粒度概率曲线对比分析表明，东营凹陷沙四上亚段滩坝沉积中主要存在四组环境敏感粒度组分，反映了滩坝沉积过程中水动力特征复杂。环境敏感粒度组分 i 的粒度一般小于 6φ，与粒度概率曲线的悬浮次总体的粒度较细部分具有良好的对应关系（图2.30B、C），反映了能量非常弱的悬浮搬运特征。环境敏感粒度组分 ii 的粒度范围一般为 $6\sim3.5\varphi$，并且都对应于粒度概率曲线的悬浮次总体的粒度较粗部分和跳跃次总体的粒度较细部分（图2.30A、B、D），反映了滩坝砂体中广泛发育的能量较强的沿岸流特征。环境敏感粒度组分 iii 的粒度范围一般为 $3.5\sim1.5\varphi$，主要对应粒度概率曲线的跳跃次总体的粒度较粗部分（图2.30A、C、D），反映了滩坝砂体中广泛发育的能量强的波浪特征。环境敏感粒度组分 iv 的粒度范围一般为 $0.5\sim2.5\varphi$，对应宽缓上拱式粒度概率曲线的粒度较粗部分（图2.30C），反映了局部发育的风暴浪特征。由此可见，沙四上亚段滩坝砂体沉积过程中主要受波浪和沿岸流的控制。统计波浪和沿岸流环境敏感粒度组分占粒度总体的百分含量表明（表2.7），沿岸流环境敏感粒度组分平均含量一般为 10%~40%，波浪环境敏感粒度组分平均含量一般为 50%~80%，显示了波浪作用强度强于沿岸流。

表 2.7 东营凹陷沙四上亚段滨浅湖滩坝砂体沿岸流和波浪环境敏感粒度组分占粒度总体的百分比

井号	沿岸流环境敏感粒度组分/%			波浪环境敏感粒度组分/%		
	最小	最大	平均	最小	最大	平均
G890	2.1	21.8	6.5	52.4	94.3	82.5
Bo901	4.4	13.4	8.3	71.4	83.5	79.4
Bo103	6.2	16.3	10.7	62.3	79.2	71.9
Bo104	4.3	22.8	11.9	48.3	82.6	70.6
F143	8.1	51.1	30.2	20.8	80.4	51.5
G893	50.3	73.1	61.7	26.9	49.7	38.3
F120	41.4	58.3	50.3	24.9	41.9	33.6
C108	9.8	38.1	23.1	52.2	86.4	69.9
C372	19.3	28.5	23.9	66.7	70.9	68.8
C106	8.3	19.2	13.9	57.5	76.8	67.1
C374	10.3	36.6	27.9	49.3	82	59
L112	14.8	60.1	31.9	21.5	75	56.5
L109	19.7	63.7	36.1	16	72.8	52.7
L105	23.8	34.6	29.2	40.5	60.8	51.3

续表

井 号	沿岸流环境敏感粒度组分/%			波浪环境敏感粒度组分/%		
	最小	最大	平均	最小	最大	平均
L225	7.6	27.3	20.2	72.7	92.4	79.8
L218	10.4	53.4	34.5	22.4	85.9	52.9
L230	20.3	48.6	30.8	30.2	67.3	50.9
L232	13.2	47.2	32	12.7	67.3	33.5
B417	27.3	52.7	40.2	29.9	62.3	46.1
B427	18.5	48.9	36.5	29.4	71.8	47.3

5. 砂体厚度分布特征

由图 2.31 可以看出，厚度小于 0.5m 的砂体占 3.7%，厚度为 0.6~1.5m 的砂体占 47.9%，厚度为 1.5~2.5m 的砂体占 25.5%，厚度为 2.5~3.5m 的砂体占 11.3%，厚度为 3.5~4.5m 的砂体占 4.3%，厚度大于 4.5m 的砂体占 7.6%，总体上滩坝砂体厚度主要分布在 0.5~3.5m，占 84%，表明滩坝砂体厚度相对较薄，反映了湖平面变化相对频繁。总体而言，滨浅湖滩坝砂体厚度比漫湖滩坝砂体厚，反映了滨浅湖滩坝砂体经历的水动力较强。

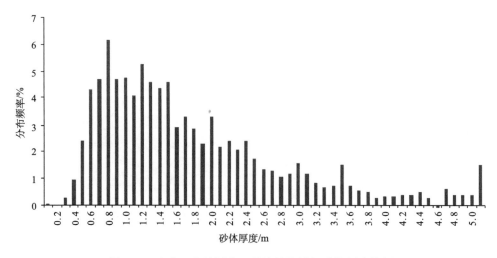

图 2.31 东营凹陷沙四上亚段滨浅湖滩坝砂体厚度特征

6. 沉积相序特征

一个完整的滩坝沉积相序代表了滩坝沉积作用或事件从开始到结束的演化旋

回，其顶、底界面均对应于湖泛面。东营凹陷沙四上亚段滩坝砂体沉积区的湖泛面主要对应于岩相转换界面。单一准层序基本上反映了沉积水深逐渐变浅的演化过程，其顶、底界面均为水深突然增加的转换界面（图 2.32）。完整的砂质滩坝沉积相层序自下而上一般为：灰色泥岩（局部含生物碎屑或生物碎屑灰岩）→泥质粉砂岩→粉砂岩/细砂岩→泥质粉砂岩→碳质页岩。因此，其垂向常表现为下部为反序、上部为正序的复合粒序。受沉积条件控制，常较难见到一个完整的沉积相序，多为反映较深水条件下形成的沉积产物构成相序的底部或反映浅水沼泽环境的沉积产物构成沉积相序的顶部。研究区内滩坝砂岩在垂向上大多表现为向上变粗的反序（图 2.32）。滩坝在垂向上一般以正常浅湖、半深湖暗色泥岩（灰岩）构成沉积层序的底部，代表了滩坝层序的开始，向上依次为外缘滩、坝、内缘滩，以滨湖杂色泥岩、碳质页岩构成沉积层序的顶部，宣告一个滩坝层序的结束，同时向上又可能是另一个滩坝沉积的开始。

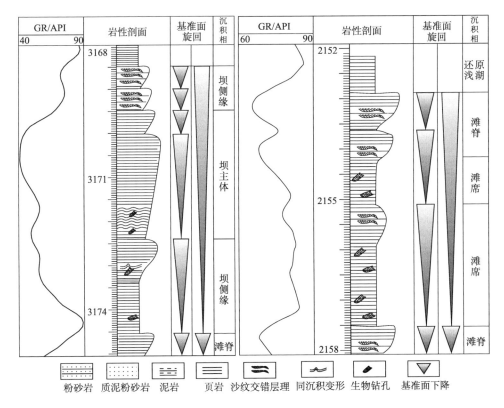

图 2.32 东营凹陷沙四上亚段滨浅湖滩坝砂体沉积相序特征

F137 井坝砂沉积相序（左），Bo104 井滩砂沉积相序（右）

7. 滩坝砂体沉积模式

由上述孔一段—沙四下亚段漫湖滩坝和沙四上亚段滨浅湖滩坝沉积特征分析表明，碎屑岩滩坝沉积体系一般形成于开阔的漫湖或滨浅湖地区，在湖浪或沿岸流的作用下，将邻近地区三角洲或其他近岸浅水砂体再搬运、沉积而成。根据滩坝砂岩的形态和产状，砂质滩坝沉积可划分为坝亚相和滩亚相，其中坝亚相又可划分出坝主体和坝侧缘微相，滩亚相可划分出滩脊和滩席微相，在坝砂沉积后侧可发育坝后风暴沉积（图 2.33）。

坝亚相主要为波浪在碎浪带形成的相对较粗碎屑沉积，或波浪与沿岸流共同作用的产物。岩性剖面中在一个沉积旋回中，砂岩层数少但单层厚度大，单层厚度几米甚至更厚，一般大于 3m，平面上与岸平行的细长条带状砂体，也可以斜交或与岸相连，可能出现几排。坝是滩坝沉积的主体部分，沉积水动力能量最强，沉积物不仅粒度最粗，且结构和成分成熟度也最高，根据沉积特征可将其分为坝主体和坝侧缘，其识别标志和特征见表 2.8。

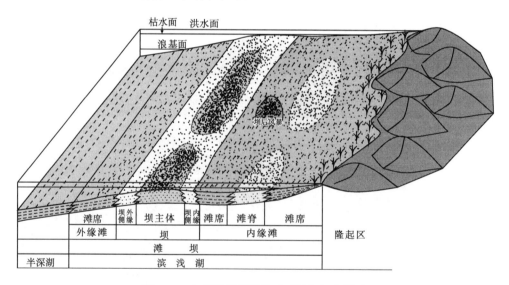

图 2.33　东营凹陷缓坡带砂质滩坝沉积模式

滩是发育于平坦的漫湖或滨浅湖地区之上所形成的一套沉积体，一般平行岸线分布，呈较宽的席状分布，分布面积大。根据沉积物类型，碎屑岩滩可以划分为砂滩、泥滩，泥滩主要形成于水动力较弱的、以泥质沉积物为主的漫湖或滨浅湖地区。砂滩的垂向剖面特征是砂岩和泥岩呈频繁的互层，砂岩层数多但单层厚度较薄，粒度不明显或呈反序结构，单砂体平面延伸距离远。根据沉积特征可将滩亚相划分为滩脊和滩席，其识别标志和特征见表 2.8。

表 2.8 东营凹陷缓坡带砂质滩坝沉积微相特征

沉积相			识别标志				
相	亚相	微相	岩性	沉积构造	粒度特征	砂体厚度	测井响应
砂质滩坝	坝	坝主体	主要为粉砂岩、细砂岩	具有反序结构，常见平行层理、交错层理、浪成沙纹层理、爬升层理及波状层理，生物潜穴多为垂直、倾斜	粒度概率图多为两跳一悬式和一跳一悬加过渡式，跳跃组分含量大于80%，与悬浮次总体的交切点为3φ左右	单砂体厚度一般大于3m	自然电位测井曲线常表现为高幅箱状和漏斗状
		坝侧缘	主要为泥质粉砂岩、粉砂岩、粉砂质泥岩	常见小型交错层理、浪成沙纹层理，生物扰动发育	粒度概率图多为滚动、跳跃加悬浮式和一跳一悬式，跳跃组分含量一般小于70%，悬浮组分含量相对较高	单砂体厚度较薄一般小于2m，砂体之间泥岩隔层较厚	自然电位测井曲线常表现为中高幅漏斗形，有时为中高幅指状
	滩	滩脊	一般为粉砂岩，可见细砂岩	具有反序结构，发育平行层理、浪成交错层理，生物扰动构造发育，生物潜穴多直立、倾斜	粒度概率图多为一跳一悬式，可见两跳一悬式，跳跃组分含量70%左右，与悬浮次总体的交切点为3.5~4φ	单砂体厚度可达3m，一般小于5m	自然电位曲线为中高幅漏斗形、箱形组合
		滩席	一般为泥质粉砂岩、粉砂质泥岩、粉砂岩，泥岩夹层发育	常发育沙纹层理，生物扰动构造发育	粒度概率图常见滚动跳跃加悬浮式，跳跃组分含量小于50%，悬浮组分含量高，跳跃与悬浮次总体交切点大于4φ	单砂体厚度薄，一般小于2m	自然电位测井曲线表现为指状

碎屑岩滩和坝是发育于漫湖或滨浅湖地区两种沉积单元，由于沉积物分布地区的地貌特征、水动力条件等因素差异，导致了滩和坝两种沉积作用在空间上存在滩和坝共生体系、有滩无坝体系和有坝无滩体系三种组合关系。

(1) 滩和坝共生沉积体系

这种滩坝沉积主要发育于相对平缓、开阔的漫湖或滨浅湖地区，滩坝砂体同时发育于浪基面之上地区。当垂直岸线或斜交湖岸的波浪由湖盆中央向湖岸运动时，波浪触击湖底，并继续向岸方向运动形成碎浪，波浪能量消耗较大，使得较粗碎屑沉积下来，在该地区形成了沿岸砂坝沉积，此类滩坝为浅灰色粉、细砂岩，砂质碎屑颗粒分选和磨圆均较好。由于砂坝的发育，滩亚相分布于砂坝两侧，因此由岸至湖盆中心的方向依次可划分出坝、外缘滩和内缘滩三个沉积单元（图2.34A）。滩砂与坝砂相比，沉积砂体的厚度薄、粒度细，泥岩夹层数量多。由于湖泊沉积作用中也常伴随有风暴的沉积作用，因此在滩坝沉积作用也可见到风暴沉积作用，特别在坝砂沉积比较发育时，坝后的内缘滩上易发育有风暴沉积，且易保存下来。

（2）有滩无坝沉积体系

这种沉积体系也主要发育于开阔、地形相对平缓、地形为相对单一斜坡的漫湖或滨浅湖地带，但同滩和坝共生的沉积体系相比，关键是地形上不存在微地貌高地和水平面升降相对频繁，导致砂体不能在某一地区长时间、稳定的发生堆积作用。砂滩沉积一般砂体相对较薄，与薄层泥岩频繁互层，砂体垂向粒序结构有时不明显，厚层时可出现反序结构。根据沉积作用特征，可划分为近缘滩和远缘滩（图2.34B）。近缘滩分布于枯水面之上广阔的滨湖地区所发育的沙滩沉积区，受湖水进退的影响明显，有时可见湿地沼泽沉积，或发育泥裂、雨痕等暴露成因构造。远缘滩分布于枯水面至正常浪基面之间的广阔且位于水下的浅湖地带，岩性主要由浅灰、灰绿色泥岩与粉砂岩、泥质粉砂岩组成，并常见鲕粒灰岩和生物碎屑灰岩。

（3）有坝无滩沉积体系

这种沉积体系中砂体一般呈孤立、长条状，此背景下所形成的砂坝岩性剖面为厚层砂岩与厚层泥岩的互层，砂坝的两侧多为泥岩沉积，该泥岩可为深水泥岩，也可为浅水泥岩。此类砂坝主要形成于沉积湖盆岸线发生转折处（图2.34C）、河流三角洲沉积体侧缘地区（图2.34D）和相对隆起且与岸相连的古地貌背景上（图2.34E）。

由于湖岸线的拐弯变化，造成湖浪和沿岸流能量消耗，使所搬运的碎屑物质沉积下来，形成平行岸线伸展的长条状湖岸沙嘴，并逐步发展为条带状具有复合相序和反序结构的砂坝。在湖盆缓坡带或长轴常发育建设性河流三角洲沉积，受湖盆扩张、河流改道、气候变化等地质因素影响，河流作用逐渐减弱，相反湖盆波浪和沿岸流作用逐渐增强，三角洲沉积体向湖盆中推进速度也大大减弱，甚至停止，此时在波浪和沿岸流特别是沿岸流的作用下，三角洲前缘沉积砂体发生侧向搬运，顺着三角洲侧缘形成条带状砂坝。断陷湖盆缓坡带上常发育一些鼻状构造或断层所形成地垒构造，与岸相连，在此种情况下波浪和沿岸流把近岸的陆源碎屑搬运到水下隆起上发生沉积，进而形成坝的沉积，此类砂坝一般具有典型大反序结构，且分选和磨圆相对较好。

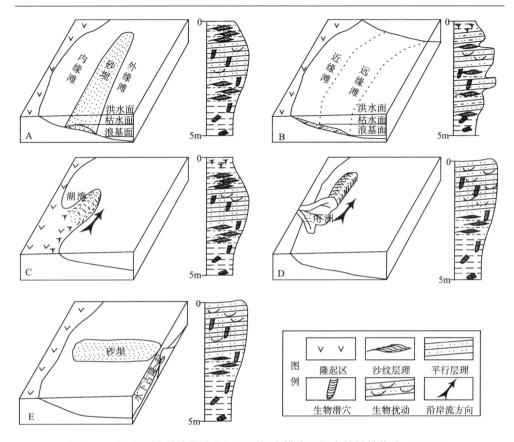

图 2.34 断陷湖盆缓坡带滩和坝平面组合模式（据朱筱敏等修改，1994）

因此，东营凹陷孔一段—沙四段沉积时期发育了多种成因类型的薄互层砂体沉积，主要包括孔一段—沙四下亚段漫湖环境下形成的漫湖三角洲、浅水三角洲及漫湖滩坝和沙四上亚段滨浅湖环境下形成的滨浅湖滩坝。另外，受季节性入湖水流的影响，孔一段—沙四下亚段沉积时期东营凹陷南部缓坡带边缘发育了一定规模的冲积扇沉积（王健等，2012）；盆地洼陷带发育了规模巨大的浅水蒸发膏盐岩沉积，垂向上自下而上具有明显的反映盐度由低到高的蒸发岩沉积序列，平面上由边缘向中心具有典型的反映盐度由低到高的蒸发岩环带结构特征（徐磊等，2008；刘晖等，2009）；受控盆断层的影响，陡坡带发育规模较小的近岸水下扇沉积（徐磊等，2008）。沙四上亚段沉积时期，缓坡带边缘发育了规模较小的曲流河三角洲沉积（操应长等，2009a，2010）；洼陷带以半深湖沉积为主，膏盐岩范围小，为深水蒸发岩，同样具有环带结构；陡坡带近岸水下扇规模明显增大（隋风贵等，2010）。由于缓坡带冲积扇、曲流河三角洲及陡坡带近岸水下扇沉积砂体厚度均较大，并非薄互层砂体沉积，本章不再对其沉积特征进行讨论。

第三章 薄互层砂体的沉积模式

第一节 薄互层砂体的沉积环境特征

一、古地貌特征

古地貌是碎屑岩物质的沉积场所,是沉积环境的重要组成部分,有利的古地貌不仅有利于薄互层砂体的沉积,同时有利于薄互层砂体的后期保存。根据古地貌发育规模,可分为宏观古地貌和微观古地貌(Carr et al., 1994;帅萍,2010),宏观古地貌是指盆地级别的宏观原始地形形态起伏与变化,如断陷湖盆发育的陡坡带、洼陷带和缓坡带,其形成主要受控于盆地的构造演化过程中形成的宏观构造格局;微观古地貌是指局部原始地形形态起伏与变化,包括局部的地形起伏和岸线的形态。局部的地形起伏主要有水下高地、洼槽、峡谷等。岸线形态是由于滨岸带地形起伏变化和湖平面相交构成的几何形态,如凸岸、凹岸、平直岸线等。

孔一段—沙四下亚段沉积时期原型盆地分析表明(吴智平等,2012),受陈南断层活动的影响,东营凹陷北部陡坡带为断层控制的高角度断坡,地形坡度大,在陈南断层下降盘形成了 NEE 走向的洼陷和沉积中心;孔一段—沙四下亚段沉积时期,东营凹陷西部青城凸起尚未形成,受滨南断层、石村断层及高青-平南的活动的影响,在博兴地区形成了规模较小的次洼,但地形坡度变化平缓,整体表现为坡度平缓的斜坡特征;东营凹陷东南部构造特征较为简单,为简单的斜坡特征(图 3.1)。

沙四上亚段沉积时期,东营凹陷陈南断层活动逐渐增强,受其影响,东营凹陷北部陡坡带为断层控制的高角度断坡,地形坡度大,在其下降盘形成了规模较大的 NEE 走向的利津洼陷和民丰洼陷;受高青-平南活动的影响,博兴洼陷发育规模相对增大;经历了孔一段—沙四下亚段沉积时期的沉积充填作用,沙四上亚段沉积时期东营凹陷缓坡带整体更为平缓广阔,古地形坡度一般小于 2°(王永诗等,2012)。受早期沉积充填作用及缓坡带内断层活动的影响,东营凹陷沙四上亚段沉积时期缓坡带并不是一个简单的斜坡,而是在其内部发育了金家-樊家、柳桥、小营、纯化-草桥、尚店平方王、陈官庄、王家岗等多个鼻状构造和同生断层断阶构造,并且缓坡带不同位置岸线形态存在明显的差别(图 3.2)。

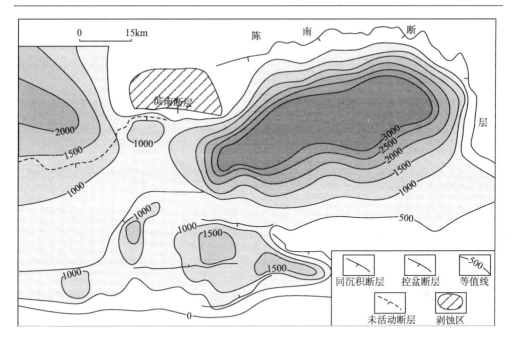

图 3.1　东营凹陷孔一段—沙四下亚段沉积时期原型盆地格局（据吴智平等，2012，修改）

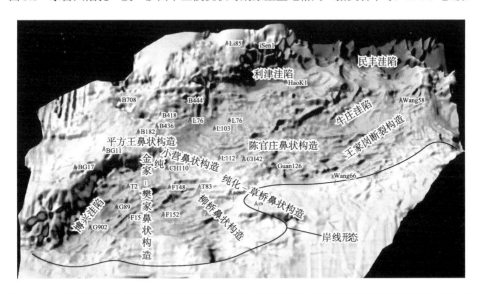

图 3.2　东营凹陷缓坡带沙四上亚段沉积时期古地貌特征（据胜利油田地质科学院，2007）

因此，东营凹陷孔一段—沙四下亚段和沙四上亚段沉积时期，盆地北部受控盆断层控制，地形坡度较大，分布范围较窄，不利于水流扩散，不利于薄互层砂体的发育，而缓坡带地形坡度较缓，面积广阔，有利于水流扩散和及滨浅湖环境的形成，是薄互层砂体形成发育的有利场所。

二、古气候和古湖泊特征

1. 沉积学标志

泥岩颜色是沉积环境的良好反映标志，灰色、深灰色等还原色一般反映了气候潮湿条件下的滨浅湖、半深湖-深湖沉积环境，而紫红色、红色、棕红色、杂色等氧化色一般反映了气候干旱条件下的陆上、滨湖等沉积环境，灰绿色、绿色等过渡色一般反映了气候相对较为干旱条件下的滨湖-浅湖等沉积环境（丛琳等，2012；张立强等，2012）。钻井岩心及录井资料分析表明，东营凹陷缓坡带孔一段—沙四下亚段泥岩颜色多为紫红色、棕红色、杂色及绿色等氧化色（图 3.3A、B、C），洼陷带发育的膏盐岩沉积常与紫红色泥岩互层出现（图 3.3D），反映了孔一段—沙四下亚段红层沉积时期气候干旱。沙四上亚段泥岩颜色主要为浅灰色、灰绿色等还原色及过渡色，洼陷带及陡坡带泥岩颜色主要为深灰色及灰黑色等还原色，且可见到原生黄铁矿沉积（图 3.3E、F、G），反映了该时期水体范围较广，水体较深，以还原环境为主。沙四上亚段沉积时期，古生物藻类以德弗兰藻、颗石藻等为主，反映了湖泊为咸水环境（苏新等，2012），盐度由湖盆边缘向湖盆中心逐渐增加，由于盐度分层作用的影响，在湖盆中部发育了一定厚度的深水膏盐岩沉积（徐磊等，2008），垂向上膏盐岩与深灰色、灰黑色泥岩呈互层特征（图 3.3H、I），进一步反映了这一时期湖泊水体相对较深且具有还原环境特征。

统计东营凹陷孔一段—沙四段泥岩颜色及膏盐岩分布范围及厚度表明，孔一段—沙四下亚段下段沉积时期泥岩颜色主要为氧化色，还原色非常少，膏盐岩厚度虽然相对较大，但分布范围较小，主要集中分布在民丰洼陷和利津洼陷（图 3.4 和图 3.5），表明这一时期沉积环境以干旱、氧化为主，并且水体范围较小，且极不稳定，为水体动荡的湖泊；沙四下亚段上段沉积时期，泥岩颜色仍以氧化色为主，但还原色泥岩含量明显增加，膏盐岩厚度非常大，且分布范围明显增大，覆盖了陡坡带、民丰洼陷、利津洼陷、中央隆起带大部分地区及牛庄洼陷北部地区，沉积中心由早期的位于民丰洼陷 Fsh2 井附近的一个发展为 Fsh2 井和 Hk1 井两个，由东北向西南迁移（图 3.6），表明湖盆水体深度有所增加，湖平面位置相对较高，但水体仍然较为动荡；沙四上亚段沉积时期，面积广阔的缓坡带地区泥岩颜色主要为浅灰色、灰色，仅在盆地边缘发育少量的灰绿色，在洼陷中心以灰色、深灰色泥岩为主，膏盐岩厚度非常小，且分布范围与沙四下亚段上段相比明显缩小，其沉积中心向盆地南部迁移，位于牛庄洼陷 W69 井附近（图 3.7），表明沙四上亚段沉积时期气候由干旱逐渐转变为潮湿，东营凹陷水体相对较深，分布范围较广，湖平面位置较高，湖盆整体具有还原特征。

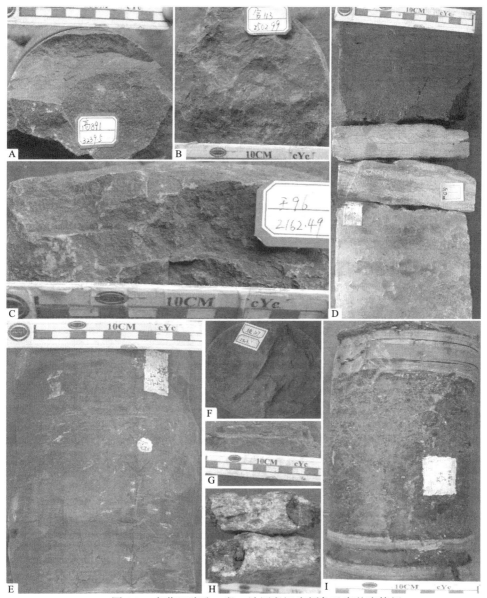

图 3.3　东营凹陷孔一段—沙四段泥岩颜色及膏盐岩特征

A. G891 井，3239.5m，紫红色泥岩，Es_4x^x；B. Guan113 井，2502.99m，紫红色泥岩，Es_4x^s；C. W96 井，2162.49m，紫红色泥质粉砂岩，Ek_1；D. HK1 井，3769m，膏盐岩与紫红色泥岩接触，Es_4x^x；E. F137 井，3166.5m，灰色泥岩，Es_4s；F. C107 井，2803.1m，灰色泥岩，Es_4s；G. Fsh2 井，3968m，灰色泥岩夹原生黄铁矿，Es_4s；H. Tuo764 井，4376.5m，暗色泥盐岩，Es_4s；I. Fsh2 井，4298.9m，盐岩与暗色泥岩互层，Es_4s

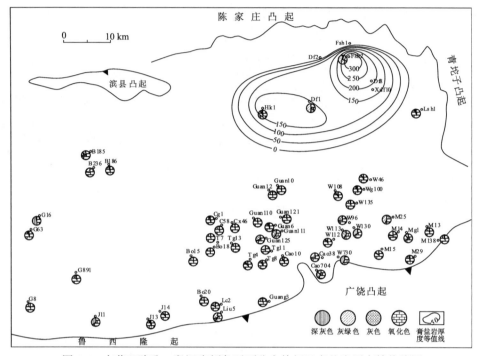

图 3.4 东营凹陷孔一段泥岩颜色平面分布特征及膏盐岩厚度等值线图

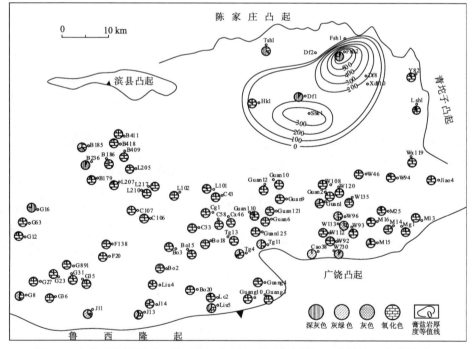

图 3.5 东营凹陷沙四下亚段下段泥岩颜色平面分布特征及膏盐岩厚度等值线图

第三章 薄互层砂体的沉积模式

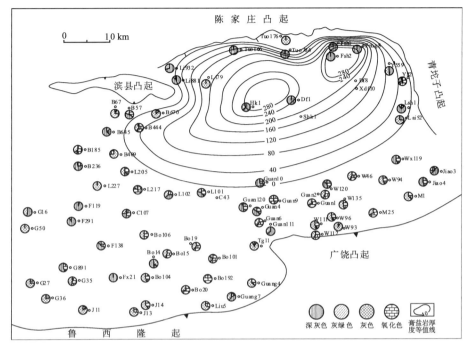

图 3.6 东营凹陷沙四下亚段上段泥岩颜色平面分布特征及膏盐岩厚度等值线图

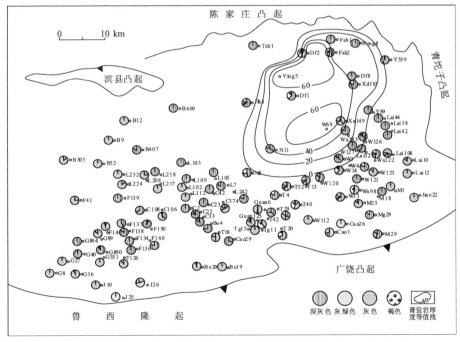

图 3.7 东营凹陷沙四上亚段泥岩颜色平面分布特征及膏盐岩厚度等值线图

2. 地球化学标志

沉积物中含有的常量元素、微量元素及其中某些元素的比值已经被广泛用于恢复古气候和判别沉积环境（邓宏文、钱凯，1993；李明慧、康世昌，2007；宋春晖等，2007）。岩石中所含元素的性质一方面受控于其本身的物理、化学性质，另一方面又受到古气候和古环境的影响，这是利用特征元素相对含量及其比值恢复古气候的科学依据（徐兆辉等，2010）。通过对东营凹陷Fsh2井、Guan112井和L120井取心井段系统取样，进行全岩X衍射分析和常量及微量地球化学元素分析，在此基础上分析了孔一段—沙四下亚段红层沉积时期古气候和古盐度指标，结合前人对沙四段地球化学元素特征及古气候的研究，明确了东营凹陷孔一段—沙四段沉积时期沉积环境特征。

（1）古气候和古盐度指标

在第四纪的古环境研究中，古气候指标的研究相对比较成熟。一般常用的古气候指标有：孢粉、碳酸盐的含量和碳氧同位素、湖泊黏土沉积物的磁化率、湖泊沉积物的粒度变化、伊利石结晶度指数（I值）、高岭石伊利石蒙脱石的比例以及一些地球化学指标，如Rb/Sr、Mg/Ca、Sr/Mg、Sr/Ca、$Ca/Si+Al$、$\Sigma Ce/\Sigma Y$、Nb/Ta、碎屑型沉积元素/化学型沉积元素、$(Fe+Al+Mn+Cr+Co+Ni)/(K+Na+Ca+Mg+Sr)$、地球化学淋溶系数$[(CaO+MgO+Na_2O+K_2O)/Al_2O_3]$等（曹军骥等，2001；李建如，2005；陈英玉、蒋复出，2007；冯启等，2007；王冠民等，2007）。由于研究区的Fsh2井、Guan112井和L120井沉积物中碳酸盐明显具有程度不等的重结晶现象，难以利用碳酸盐碳氧同位素的方法来确定古气候的变化。研究区古生物资料较为贫乏，且孢粉分析只适用于长周期和大尺度的地层分析，对Fsh2井、Guan112井和L120井沙四下亚段的精细研究敏感程度太低，也难以应用。本书采用应用较为广泛的Rb/Sr值来分析东营凹陷孔一段—沙四下亚段红层沉积时期的古气候特征。

陆相盆地中，潮湿条件下的化学风化作用强烈，Rb大量析出而被黏土吸附，但这些黏土不会残留在原地，而主要被剥蚀搬运进入湖泊沉积；同时进入湖盆的溶解Sr^{2+}一般则是在偏干旱时候与碳酸盐类质同象而沉积，所以就造成了潮湿环境下Rb/Sr值的加大。因此，在陆相盆地中，Rb/Sr值的含义实际上是与海相条件下相反的（申洪源等，2006），即Rb/Sr值高代表偏潮湿的气候环境；Rb/Sr值低代表偏干旱的气候环境（沈吉等，2001a）。泥页岩中大都有石英和长石极细粉砂，而粗碎屑进入湖盆主要通过入湖水流，在小尺度的沉积旋回中，当泥页岩中的极细粉砂含量明显增多时，表明入湖的水流增强、湖水的循环性变好，其沉积背景为潮湿气候。图3.8A中Rb/Sr值与（长石＋石英）含量具有正相关性，即Rb/Sr

值与入湖水流强弱的相关性比较明显，Rb/Sr 值增大反映了气候相对潮湿。因此，Rb/Sr 值与古气候干湿变化具有良好的对应关系。

用地球化学的方法推断古盐度是最常用的也是效果较为理想的一种方法。指示古湖泊沉积时的古盐度指标有很多，常用的有碳酸盐稳定同位素法（Z 值）、相当 B 元素法、元素比值法（如 B/Ga、Sr/Ca、Sr/Ba、Mn/Fe 等），但 B/Ga、Sr/Ca、Sr/Ba 等盐度指标在样品含有较多碳酸盐、石膏、石盐等盐类矿物时对古盐度的反映很不敏感（孙镇城等，1997；李丕龙等，2003）。在第四纪古湖泊的研究中，沉积物中的碳酸盐含量常常作为盐度或水体矿化度变化的指标。本次研究的 Fsh2 井、Guan112 井和 L120 井取心段沉积物中普遍含有不定量的石膏和碳酸盐，而且这些石膏和碳酸盐均为原生（尽管碳酸盐普遍经过了重结晶作用）。因此，采用沉积物中盐类物质的含量来近似地代表沉积水体的古盐度。用碳酸盐及硫酸盐含量的百分比作为样品沉积时的古盐度指标，不仅仅可以指示古盐度的相对高低，而且还可以反映古盐度在古水体中的保持时间：膏盐的含量越高，沉积时湖水高盐度保持的时间也就越长，盐类的沉积厚度也就越大。

Fsh2 井、Guan112 井和 L120 井沉积物中作为盐度指标的（碳酸盐＋硫酸盐）含量与古气候指标 Rb/Sr 值具有明显的负相关性（图 3.8B），（硫酸盐＋碳酸盐）含量与泥页岩中的（石英＋长石极细粉砂）的含量明显负相关（图 3.8C），亲碎屑元素 Cr 含量与（碳酸盐＋硫酸盐）含量呈负相关关系（图 3.8D），Rb/Sr 值与 Cr 元素含量呈明显的正相关关系（图 3.8E）。由此表明，气候潮湿时期，携带大量石英、长石等极细粉砂的入湖水流量增大，湖盆水体盐度降低，盐类矿物含量减少；气候干旱时期，入湖水流量减少，蒸发作用使湖盆水体盐度增高，石英、长石等极细粉砂含量降低，盐类矿物含量增高。从这个角度说明，古气候对古盐度变化起着明显的控制作用。

（石英+长石）含量与 P 元素含量呈正相关关系（图 3.8F）。P 元素主要来源于水生生物，水生生物的繁盛与否，与营养物质的多少密切相关。对于明显分层的平静水体，营养物质主要来源于入湖水流以及底层湖水的上涌。而底层湖水的上涌，在盐度分层的情况下，一般与湖水的淡化和入湖水流对湖水的扰动有关。

综上所述，Fsh2 井、Guan112 井和 L120 井中的石英、长石主要是在气候转为相对潮湿时期，由入湖水流携带进入湖盆的，同时使得水体盐度明显降低，盐类矿物含量减少；而盐类矿物则是在气候转为干旱、入湖水流减少、湖水水位降低的情况下沉积的。

（2）古气候和古湖泊特征

Fsh2 井取心井段岩性主要为灰色泥岩、页岩、灰质泥岩、白云质泥岩、白云质页岩和含膏泥岩。垂向上，（石英+长石）含量及 Cr 元素含量与 Rb/Sr 值具

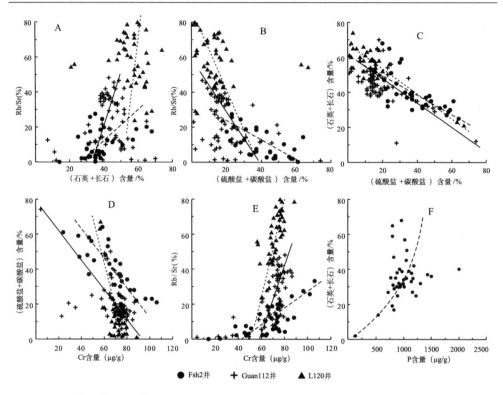

图3.8 东营凹陷Fsh2井、Guan112井和L120井孔一段—沙四下亚段古气候和古盐度指标相关关系

有明显的同向变化特征，而（碳酸盐+硫酸盐）含量与Rb/Sr值、（石英+长石）含量及Cr元素含量呈明显的反向关系。Rb/Sr值的增大反映了气候相对潮湿，此时入湖水体流量增大，相对湖平面上升，水体盐度降低，（碳酸盐+硫酸盐）含量明显降低，石英、长石等极细粉砂含量增加，以沉积灰色泥岩、页岩沉积为主；Rb/Sr值的降低反映了气候相对干旱，此时入湖水体流量明显降低，由于蒸发作用强烈，相对湖平面快速下降，水体盐度增大，（碳酸盐+硫酸盐）含量明显增高，石英、长石等极细粉砂含量降低，以沉积灰色灰质泥岩、白云质泥岩、白云质页岩及泥质膏岩为主（图3.9A）。Fsh2井取心井段沉积时期古气候干湿变化非常频繁，在厚度仅为14m的地层内就可识别出多个气候干湿交替变化旋回。

Guan112井取心井段岩性主要为紫红色、杂色及灰绿色泥岩、灰质泥岩、白云质泥岩及泥质白云岩。垂向上（石英+长石）含量、（碳酸盐+硫酸盐）含量、Rb/Sr值及Cr元素含量变化特征与Fsh2井一致（图3.9B）。Guan112井16m

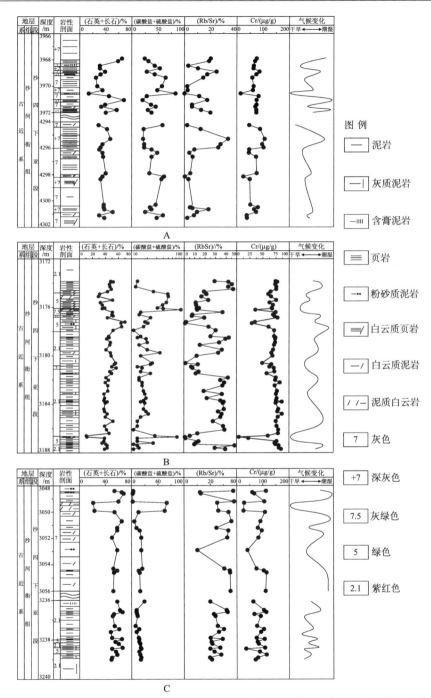

图 3.9　东营凹陷 Fsh2 井(A)、Guan112 井(B)和 L120 井(C)取心井段矿物、元素及古气候变化特征

取心井段地层内(石英+长石)含量、(碳酸盐+硫酸盐)含量、Rb/Sr 值及 Cr 元素含量变化非常频繁，表明沉积时期古气候干湿交替频繁。气候潮湿时期入湖水流流量增大，湖平面上升，湖水盐度降低，以沉积泥岩为主；气候干旱时期入湖水流流量明显减少，蒸发作用强烈，相对湖平面快速下降，湖水盐度增大，以沉积灰质泥岩、白云质泥岩和泥质白云岩为主。

L120 井取心井段岩性主要为灰色泥岩、白云质泥岩、泥质白云岩及粉砂质泥岩和紫红色及少量灰绿色泥岩、灰质泥岩、含膏泥岩。垂向上(石英+长石)含量、(碳酸盐+硫酸盐)含量、Rb/Sr 值及 Cr 元素含量变化特征与 Fsh2 井及 Guan112 井一致，即古气候指标 Rb/Sr 值、石英、长石等极细粉砂含量及 Cr 元素含量与古盐度指标(碳酸盐+硫酸盐)含量呈明显反比关系（图 3.9C）。L120 井 12m 取心井段地层内(石英+长石)含量、(碳酸盐+硫酸盐)含量、Rb/Sr 值及 Cr 元素含量变化非常频繁，反映了沙四下亚段沉积时期古气候干湿交替变化非常频繁。气候潮湿和干旱时期相对湖平面及湖水盐度变化特征与 Fsh2 井和 Guan112 井基本一致，在气候潮湿时期以沉积泥岩和粉砂质泥岩为主，而在气候干旱时期以沉积白云质泥岩和泥质白云岩为主。

因此，东营凹陷孔一段——沙四下亚段沉积时期，古气候非常干旱，并且表现为干旱背景下的干湿气候频繁交替特征，受此影响，湖泊水体较浅，水体范围较小，湖平面呈现出频繁的季节性升降变化特征。

东营凹陷 T29 井沙四段微量元素比值分析表明，反映古气候特征的 Fe/Mn、Mg/Ca、Sr/Ca 及 Sr/Ba 值垂向上具有相似的变化特征，Fe/Mn 值在沙四上亚段较高，平均为 54，最高值为 90；在沙四下亚段较低，平均为 37，最高值为 78（图 3.10）（宋明水，2005）。元素 Mn、Sr 及 Fe 的富集程度往往受气候条件控制，干旱炎热气候条件下，湖水蒸发作用强烈，Mn 及 Sr 元素相对富集，而 Fe 元素含量较低；相对潮湿环境下，Mn 及 Sr 元素含量低，而 Fe 元素以 Fe(OH)$_3$ 胶体形式快速沉淀，沉积物中其含量相对较高（王随继等，1997）。Mg/Ca 高值及 Sr/Cu 高值一般反映干旱气候条件,两者低值一般反映相对潮湿气候条件(宋明水,2005)。由此可见，与沙四下亚段相比，沙四上亚段沉积物中具有高 Fe/Mn 值、Sr/Ca 值和低 Mg/Ca 值、Sr/Cu 值特征（图 3.10），反映了东营凹陷沙四上亚段沉积时期古气候相对潮湿。

Sr/Ba、Sr/Ca 等值对湖泊水体古盐度的变化非常敏感，Ba、Ca 的碳酸盐溶解度相对较小，而 Sr 的碳酸盐溶解度相对较大，干旱条件下高盐度湖泊 Sr/Ba、Sr/Ca 值一般较高，而潮湿条件下低盐度湖泊 Sr/Ba、Sr/Ca 值一般较低（Drummond，1993）。T29 井沙四上亚段 Sr/Ba、Sr/Ca 值明显低于沙四下亚段（图 3.10），表明沙四上亚段沉积时期古盐度相对较低。Sr/Ba、Sr/Ca、Fe/Mn 和 Sr/Cu 值的空间变化和聚类分析结果表明，沙四上亚段沉积时期，湖水盐度由湖盆边缘向中心呈逐渐升高的趋势，湖盆北部盐度较低（钱焕菊等，2009）。

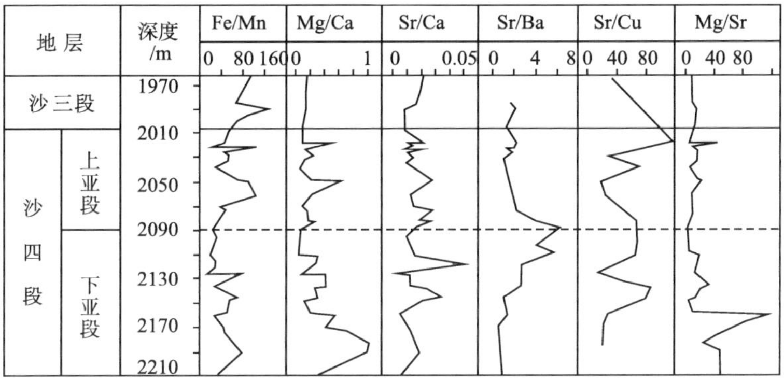

图 3.10 东营凹陷 T29 井沙四段元素比值变化特征（据宋明水，2005）

东营凹陷 C11 井沙四段碳氧同位素分析表明，$\delta^{18}O$ 和 $\delta^{13}C$ 之间具有明显的正相关性（图 3.11），反映了东营凹陷沙四段沉积时期为封闭湖泊（宋明水，2005）。对于封闭湖泊而言，蒸发量/降水量控制了湖平面的升降变化，干旱气候条件下，蒸发作用强烈，使得水体中有较多 $\delta^{18}O$ 逸出，从而导致沉积物中 $\delta^{18}O$ 值的增加（刘传联，1998）。C11 井沙四上亚段沉积物中 $\delta^{18}O$ 平均值为 –7.371‰，最低值为 –7.832‰，沙四下亚段沉积物中 $\delta^{18}O$ 平均值为 –0.865‰，最大值为 0.331‰（图 3.11）（宋明水，2005），反映了沙四上亚段沉积时期气候相对潮湿，湖平面较高。

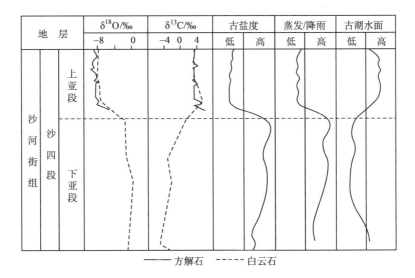

图 3.11 东营凹陷 C11 井沙四段碳氧同位素特征及古湖泊特征（据宋明水，2005）

三、沉积环境特征

通过上述泥岩颜色、膏盐岩分布特征、地球化学标志特征及 Fsh2 井、Guan112 井和 L120 井取心井段反映的古气候和古湖泊变化特征表明,东营凹陷孔一段—沙四下亚段沉积时期古气候以干旱为主,呈现出频繁的干湿交替变化特征,气候相对潮湿时期,携带大量碎屑物质的入湖水流增多,相对湖平面上升,湖泊水体盐度明显减低;而在气候相对干旱时期,入湖水流流量明显减少,由于气候干旱,蒸发作用强烈,湖平面快速下降,湖泊水体盐度增大,膏盐岩沉积发育。因此,孔一段—沙四下亚段红层沉积时期湖泊水体范围变化非常频繁,气候潮湿时期,受季节性入湖水流的影响,湖泊水体范围增大,气候干旱时期,入湖水流量迅速减少,蒸发作用强烈,湖泊水体范围迅速减小。在干湿交替变化的气候条件控制下,红层沉积时期东营凹陷湖泊具有明显的高频振荡性盐湖特征,缓坡带具有明显的漫湖特征,气候潮湿时期以缓坡带沉积砂体为主,气候干旱时期以洼陷带沉积碳酸盐岩和膏盐岩为主。孔一段—沙四下亚段下段沉积时期,水体范围较小,水位较低,整体为低水位高频振荡性盐湖环境,缓坡带具有低水位漫湖特征;沙四下亚段上段沉积时期,水体范围明显增大,水体加深,水位相对较高,整体为高水位高频振荡性盐湖环境,缓坡带具有高水位漫湖特征。

沙四上亚段沉积时期为东营凹陷初始断陷期向强烈断陷期的过渡时期,与孔一段—沙四下亚段沉积时期相比,沙四上亚段沉积时期古气候特征发生了明显的变化,使得湖盆具有明显不同的沉积环境特征。东营凹陷沙四上亚段沉积时期古气候由干旱转变为相对较为潮湿,盐度相对较低,湖平面相对较高,水体范围较广。采用沉积相序水深法(李国斌等,2010)及微体古生物定量水深法(苏新等,2012)恢复的东营凹陷沙四上亚段沉积时期湖泊古水深具有非常好的一致性,最大水深一般为 16~20m,主要分布在现今中央隆起带北部、利津洼陷及民丰洼陷中部和南部地区,为半深湖沉积环境;缓坡带水深较浅,且变化较为缓慢,水深一般小于 8m,为滨浅湖沉积环境。上述泥岩颜色、膏盐岩分布特征及地球化学元素分析表明,东营凹陷沙四上亚段沉积时期整体具有湖平面高、湖泊水体分布范围广及盐度低等特征,整体具有潮湿气候条件下的咸水滨浅湖-半深湖环境特征。

第二节 薄互层砂体沉积作用的控制因素

一、现代沉积考察

"现代是解释过去的钥匙"是地质工作者的共识,"将今论古"的方法论是开展地质工作的基本原则。现代沉积常具有形态出露完整、各种沉积现象保存良好、易于大面积取样分析以及易于观察描述沉积体的整体结构等特征，对于研究地质历史时期沉积物特征及分布规律具有十分重要的指导意义。为了更加准确的探讨断陷湖盆缓坡带薄互层砂体分布的控制因素及其分布规律，笔者在研究过程中选取了青海湖及山东高密峡山湖近现代沉积进行了考察。

1. 青海湖现代滨浅湖沉积

青海湖是我国内陆最大的微咸水湖泊，位于青藏高原东北部青海省境内。湖区被大通山、日月山和青海南山所环绕。湖泊面积 4635km²，平均水深 18.4m，最大水深 28.7m。湖面海拔在 3200m 以上，人烟稀少，人为改造和污染较少，是研究现代湖盆沉积的良好场所（宋春晖等，1999；师永民等，2008）。湖泊形状近似菱形，长轴方向呈 NWW 向，长轴长 106km，短轴长 63km，湖泊周长 360km，为一个 NW-SE 向延伸，NW 高、SE 低的新生代断陷湖泊（图 3.12）。青海湖现代沉积类型多样，主要包括河流沉积、三角洲沉积、滨浅湖沉积及风成沉积等，根据研究的需要，主要针对青海湖东南部滨浅湖及滨岸沉积进行了考察，研究区位置如图 3.12 所示。

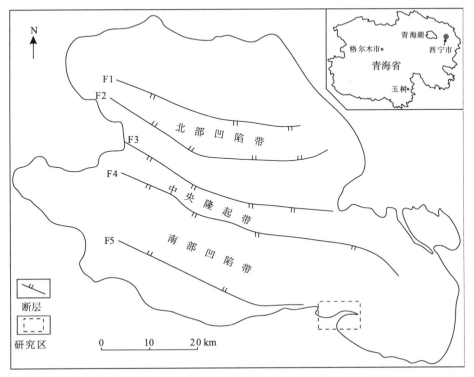

图 3.12 青海湖地理位置、构造特征及研究区位置（据 An et al., 2006）

研究区位于青海湖东南部著名的二郎剑风景区，滨浅湖沉积作用非常发育，主要发育了沿岸砾沙坝、沙嘴及低能滩沉积，受二郎剑沙嘴的影响，其两侧沉积特征具有明显的差别。

沿岸砾沙坝是指环湖滨带发育并与岸线平行的砾沙堤，又称湖堤（宋春晖等，1999），主要发育于二郎剑沙嘴左侧开阔的滨浅湖地区，这一地区地形坡度较小，一般在10°左右，岸线延伸方向与青海湖地区常年盛行的西北风的风向高角度相交（An et al., 2006），受其影响，开阔的滨浅湖区波浪和沿岸流作用非常强烈，为高能滨岸环境，使得粒度较粗的沿岸砾沙坝沉积较为发育，其沉积物主要由细砾和不同粒度级别的沙组成，砾石磨圆较好。受湖平面升降变化的影响，沿岸砾沙坝平面上呈近似平行的条带状分布，一般可见3~5条（图3.13）。根据其分布位置和特征，可将其分为近代沿岸砾沙坝和古沿岸砾沙坝。

近代沿岸砾沙坝主要分布于湖泊边缘平坦地区，距离湖水较近，沉积物呈松散状态。二郎剑沙嘴左侧发育的近代沿岸砾沙坝宽约30m，长度约4~5km，规模相对较大，其走向约为NE70°左右，与青海湖区常年盛行的西北风几乎垂直。平面上，近代沿岸砾沙坝由岸向湖呈现为多个粒度由粗变细的沉积物粒度变化带（图3.14、图3.15），每一个沉积物粒度带内粒度最粗的部分为沿岸砾沙坝的坝顶位置，由坝顶至下一个坝顶之间沉积物粒度逐渐变细，反映了湖平面下降过程中多期沿岸砾沙坝沉积由岸向湖逐渐迁移的过程（图3.16）。湖平面下降过程中，受地形坡度的影响，能量强的破浪、碎浪带逐渐向湖迁移，使得粗碎屑沉积物及沉积物粒度平面上呈现出条带状变化特征。剖面上，近代沿岸砾沙坝表现为多个下细上粗的反序旋回相互叠加的特征，每个反序旋回的厚度15~20cm不等，反映了湖平面的频繁升降和岸线频繁迁移（图3.17）。粒度参数分析表明（表3.1），沿岸砾沙坝沉积物以滚动组分和双跳跃组分为主，悬浮搬运组分含量一般低于10%，反映了典型的波浪冲刷作用特征（宋春晖等，1999）。反序旋回上部砾石含量高，粒度中值Md一般为–0.5313~1.2077φ，滚动次总体占10%~50%，跳跃次总体占47%~83%，滚动次总体与跳跃总体交切点粒度一般为–1.5~0.4φ，跳跃次总体与悬浮次总体交切点粒度一般为1.2~3.4φ，分选系数δ_1一般为1.032~2.3406，表明旋回顶部粒度粗，但沉积物分选中等至分选差；反序旋回下部砾石含量低，以含砾粗砂沉积为主，粒度中值Md一般为1.3462~1.6282φ，滚动次总体含量一般为3%~6%，跳跃次总体含量一般介于93.7%~96.7%，悬浮次总体含量一般小于2%，滚动次总体与跳跃次总体的交切点一般为–0.1~0.1φ，跳跃次总体与悬浮次总体交切点粒度一般为2.6~3.2φ，分选系数δ_1一般为0.6684~0.726，分选相对较好。由此可见，沿岸砾沙坝沉积过程中自下而上经历的水动力逐渐增强。规模较大的沿岸砾沙坝后侧常可见到坝后沉积，沉积物分选差，常可见到粒径较大的砾石，推测可能为风暴浪作用的产物（图3.15）。

图 3.13　青海湖二郎剑地区近代沿岸砾沙坝

图 3.14　青海湖二郎剑地区近代沿岸砾沙坝平面粒度分布特征

古沿岸砾沙坝主要分布于距离湖水较远的高处，但其高度一般小于 10m，沉积物主要呈半固结状态。二郎剑地区古沿岸砾沙坝较为发育，其颜色一般为灰白色，这是由于青海湖湖水含盐度较高，露出水面近地表的松散沉积物与湖水相互接触，将湖水输送到近地表蒸发，起到一个蒸发泵作用，使湖水中的盐分及其他矿物质不断浓缩，进而形成灰白色钙华使松散沉积物固结所致（师永民等，2008）。古沿岸砾沙坝中发育规模较大的冲洗交错层理（图 3.18），反映了其形成过程中波浪冲刷作用较强。值得注意的是，古沿岸砾沙坝中钙华的分布并不均匀，在露头剖面上常呈层状分布，即钙华含量高的灰白色沉积物与钙华含量低的灰黄色沉积物互层出现，这是由于干旱环境下干湿气候交替出现所致。气候相对潮湿时期，降水量增大，湖泊水体及沉积物中包含的粒间水的盐度降低，钙华含量较低，沉

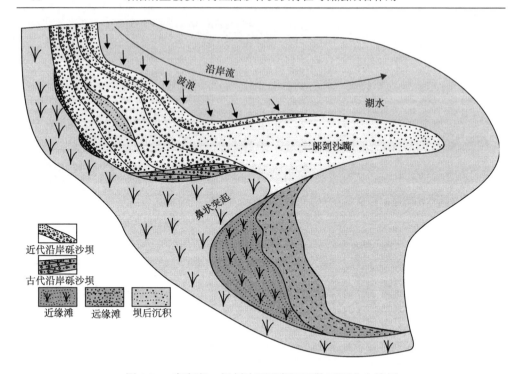

图 3.15 青海湖二郎剑地区现代沉积物平面分布特征

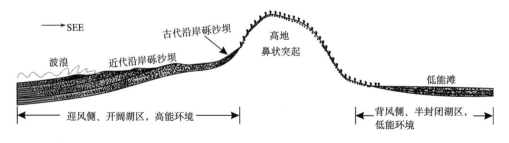

图 3.16 青海湖二郎剑地区现代沉积物剖面分布特征（SEE 向，过鼻状突起）

积物呈灰黄色；气候干旱时期，降水量减少，蒸发作用较强，湖泊水体及沉积物中包含的粒间水的盐度增加，使得钙华含量较高，沉积物颜色呈灰白色，二郎剑地区出露的古沿岸砾沙坝中可见到三个比较明显的气候干湿交替的旋回(图 3.19)。

二郎剑沙嘴为一端与岸相连，另一端与岸形成一定的夹角，不断向湖中延伸的长条状砂体，其沉积物粒度主要为含砾粗砂岩、中粗砂岩及细砂岩，由岸向湖沉积物粒度逐渐变细。二郎剑沙嘴的形成主要受沿岸流作用及岸线形态控制。二郎剑地区位于青海湖东南部，与该地区常年盛行的西风呈高角度相交，受强烈西风作用的影响，研究区在发育波浪作用的同时，形成了能量较强的逆时针方向的

图 3.17 青海湖二郎剑地区近代沿岸砾沙坝剖面相序特征（36°39′11″N，100°27′41″E）

表 3.1 青海湖滨岸沿岸砾沙坝粒度参数特征（据宋春晖等，1999）

取样位置	粒度参数		交切点/φ		各次总体含量/%		
	Md/φ	δ_1	滚动与跳跃	跳跃与悬浮	滚动	跳跃	悬浮
反序旋回上部	1.2077	1.3973	0.1	2.9	19	75	6
	−0.5313	1.032	−1.5	1.2	10	83	7
	1.0277	1.4002	−0.03	3.3	40	59.3	0.7
	0.399	1.3585	0.1	3	23	74	3
	1.0277	1.4002	0.3	3.4	25	72	0.3
	0.0571	1.8105	1	2.7	30	69.2	0.8
	−0.3425	1.9836	0.4	2.6	50	47	3
	0.5855	2.3406	−1	2.6	30	60	10
反序旋回下部	1.3941	0.6684	0.1	2.7	6	93.7	0.3
	1.6282	0.6995	0	3.2	3	96.7	0.3
	1.3462	0.726	−0.1	2.6	3	95	2

沿岸流作用（图 3.15）。受鼻状突起的影响，沙嘴发育地区的古岸线由其左侧的凹岸突变为向湖突出的鼻状凸岸，岸线形态的突然变化改变了沿岸流的流向，当沿岸流由凹岸向凸岸流动时，并不会绕过凸岸继续沿岸流动，而是在惯性的作用下，沿着与凸岸延伸方向一致的方向流动，随着流向的改变，其能量逐渐降低，

携带的碎屑沉积物逐渐沉积，从而形成与凸岸延伸一致的沙嘴沉积。

图 3.18　青海湖二郎剑地区古沿岸砾沙坝中冲洗交错层理

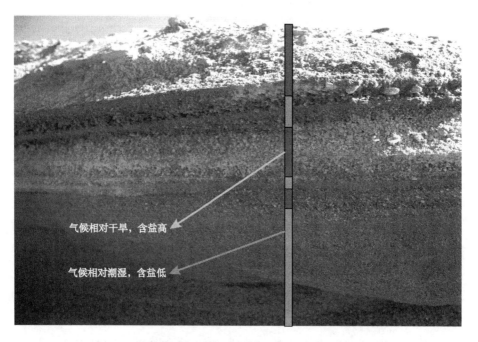

图 3.19　青海湖二郎剑地区古沿岸砾沙坝中记录的气候变化

二郎剑沙嘴右侧沉积物特征与其左侧具有明显的差别，右侧不发育明显的沙坝沉积，平面上沉积物粒度没有明显的变化。相对于沙嘴左侧而言，右侧沉积物粒度较细，以中砂岩、粉细砂岩为主，泥质含量高，沉积物颜色整体呈灰白色，说明其含盐量较高，垂向上无明显的粒序特征（图 3.20），整体反映了其形成过程中经历的水动力能量较低，本书将其称为低能滩沉积。研究区低能滩的形成主要受地貌及水动力特征控制。沙嘴右侧岸线为凹岸特征，受沙嘴的影响，此处湖泊处于半封闭状态,地形非常平缓,并且由于沙嘴的遮挡作用,其右侧风力非常小,湖浪能量非常弱,难以对碎屑物质进行大规模的分选、搬运和沉积,因此形成了泥质含量较高、无明显粒序特征的低能滩沉积(图3.16)。由于湖泊较为封闭,蒸发作用使得湖水盐度较高,从而使得沉积物中含盐量较高。

图 3.20 青海湖二郎剑地区低能滩沉积特征

因此,气候、岸线形态、地貌特征及水动力特征控制了二郎剑地区沉积物类型及分布规律。具有凹岸形态、水动力强的开阔湖区为高能沉积环境,受波浪作用的影响,以沉积粒度较粗的沿岸砾沙坝为主,延伸方向与岸线基本一致,受湖平面升降变化的影响,平面上发育多个不同时期形成的沿岸砾沙坝条带,波浪控制同一期沿岸砾沙坝沉积的粒度分布特征;具有凸岸形态、水动力强的开阔湖区,受沿岸流作用的影响,以沉积向湖延伸的沙嘴为特征;具有凹岸形态、水动力弱的半封闭湖区为低能沉积环境,以沉积低能滩为特征;气候相对干旱时期沉积物中含盐量低,气候相对干旱时期沉积物含盐量高,气候干湿交替形成了盐度差异互层。

2. 峡山湖现代滨浅湖沉积

峡山湖位于山东省境内安丘、高密、昌邑三市的交界处,是潍河流域在胶东半岛地区的一个大型人工湖,地理位置介于 36°16′~36°31′N 和 119°21′~119°31′E 之间(邱隆伟等,2009)。峡山湖是在以前的河道基础上截流而成的平原水库,潍河由南向北流经水库,在上游地区沉积了大量河流携带而来的细粒沉积物。在地势上,峡山湖类似于断陷湖盆,西岸受围堤的影响,地势较陡,东边岸线地势较低,地形较为平缓(邱隆伟等,2010)。受季风及入湖水流的影响,湖中波浪、沿岸流等水动力较为发育,对河流携带来的沉积物进行再搬运、改造,在东岸形成了一定规模的滨浅湖滩坝沉积(图3.21和图3.22)。

峡山湖东岸主要发育两种类型的滨浅湖滩坝沉积,一种为沙滩沉积,另一种为泥滩沉积。沙滩沉积分布范围相对较广,沉积物粒度较粗,主要发育在开阔的滨浅湖区,平面上常呈宽度比较大的长条席状沿岸线分布,沙滩沉积中常可见到多个与沙滩主体相连且向湖延伸的呈牛角状的沙脊(图 3.23A),这主要是受河流入湖水流及季风形成的沿岸流作用的影响而形成。泥滩沉积分布范围相对较小,沉积物粒度细,主要发育在半封闭的滨浅湖区(图 3.23B)。由此可见,开阔湖区湖水动力较强,波浪和沿岸流作用明显,以沉积高能沙滩为主,而半封闭湖区受两侧凸岸及高地的影响,湖泊水体能量较弱,波浪和沿岸流作用不明显,以沉积低能泥滩为主。

本书研究中主要针对沙滩沉积进行系统取样,在东岸沙滩沉积区由南向北依次挖开 A、B、C 和 D 四条取样剖面(图 3.21),其中,剖面 A 为对同一沙层进行垂向取样,剖面 B、C、D 为对同一沙层进行横向取样,共采集样品 36 袋。通过对采集的 36 袋样品进行粒度测试分析(粒度测试在中石化胜利油田地质科学院进行),对峡山湖东岸现代滨浅湖滩坝沉积特征进行了研究(表 3.2)。

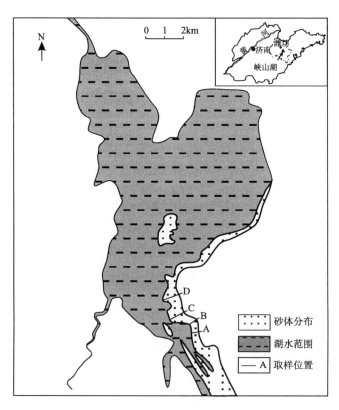

图 3.21　峡山湖东岸滨浅湖滩坝分布及取样点位置

图 3.22 峡山湖东岸现代滨浅湖滩坝沉积

粒度参数分析表明（表 3.2），峡山湖东岸滩坝沉积物粒度中值 Md 一般为 1.2~2.5φ，沉积物粒度相对偏粗，主要为细砂—中砂，可见部分粗砂。标准偏差一般为 0.5~1.1，分选系数一般为 1.2~1.8，沉积物分选较好。

峡山湖东岸滩坝沉积物垂向上表现为明显的反序特征，上部砂质沉积为主，下部泥质含量较高（图 3.24）。对 A 处同一沙层自上而下取样并分析其粒度特征表明，下部样品（样品 A-3、A-4 和 A-5）平均粒径分别为 2.893φ、2.544φ 和 2.642φ，上部样品（样品 A-1 和 A-2）平均粒径分别为 1.378φ 和 1.51φ（表 3.2），并且下部样品的沉积物粒度一般为 1.5~5φ，而上部样品的沉积物粒度一般为 0~3φ。总体而言，同一沙层内沉积物粒度自下而上逐渐变粗，表现为显著的反粒序特征，下部样品的标准偏差和分选系数明显大于上部样品的分选系数，上部沉积物分选好于下部沉积物。因此，一期滩坝砂体沉积过程中自下而上经历的水动力能量逐渐增强，反映了滩坝形成过程中相对湖平面逐渐下降。

图 3.23 峡山湖东岸高能沙滩和低能泥滩沉积

表 3.2 峡山湖东岸现代滨浅湖滩坝粒度参数特征

样品号	粒度中值 Md/φ	标准偏差 δ_1	分选系数	样品号	粒度中值 Md/φ	标准偏差 δ_1	分选系数
A-1	1.378	0.907	1.498	B-13	1.279	0.53	1.295
A-2	1.51	0.856	1.467	B-14	1.281	0.653	1.367
A-3	2.893	1.48	1.833	B-15	1.678	0.676	1.395
A-4	2.544	1.11	1.695	B-16	3.54	2.189	2.431
A-5	2.642	1.518	1.865	C-1	2.192	0.814	1.431
A-6	1.345	0.7	1.4	C-2	1.937	0.635	1.358
B-1	1.733	0.535	1.299	C-3	1.885	0.663	1.377
B-2	1.546	0.753	1.429	C-4	1.93	0.651	1.371
B-3	1.367	0.712	1.406	C-5	1.762	0.671	1.383
B-4	1.383	0.729	1.415	C-6	1.745	0.529	1.294
B-5	1.377	0.653	1.372	C-7	2.052	0.483	1.265
B-6	1.374	0.773	1.435	D-1	2.263	1.138	1.528
B-7	1.259	0.704	1.407	D-2	2.454	0.834	1.452
B-8	1.423	0.667	1.379	D-3	2.32	1.015	1.525
B-9	1.282	0.733	1.419	D-4	2.208	0.772	1.432
B-10	1.254	0.692	1.394	D-5	3.373	2.089	2.255
B-11	1.238	0.78	1.446	D-6	1.768	0.858	1.465
B-12	1.277	0.649	1.364	D-7	1.726	0.535	1.298

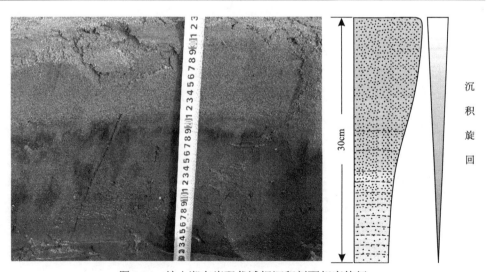

图 3.24 峡山湖东岸现代滩坝沉积剖面相序特征

峡山湖东岸滩坝砂体横向延伸宽度相对较大，剖面 B 处滩坝横向宽度达 7m 左右（图 3.25A）。横向上，同一期滩坝砂体沉积厚度并不一致，厚度最大处约 20cm 左右，向两侧厚度逐渐变薄，剖面中可见到冲洗交错层理，反映了波浪冲刷作用（图 3.25B）。以 50cm 为间隔，对剖面 B 滩坝沉积进行系统取样分析，结果表明，滩坝砂体厚度最大的地方沉积物粒度最粗，随着砂体厚度的减薄，沉积物粒度明显变细（图 3.25C），这是由于在滩坝形成过程中，随着波浪能量逐渐向岸传播，破浪-碎浪带能量最强，能够携带和沉积的沉积物粒度最粗，沉积物厚度最大，破浪-碎浪带两侧水体能量较低，所能携带和沉积的沉积物粒度较细。因此，滩坝沉积过程中波浪能量带控制了其沉积物粒度横向分布特征，破浪-碎浪带沉积物粒度一般较粗。

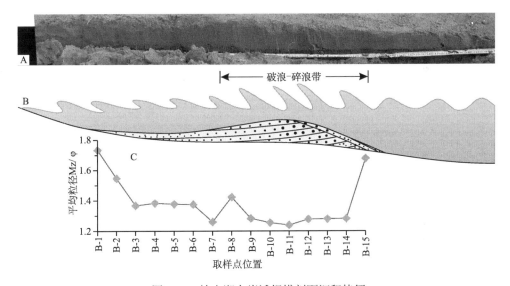

图 3.25 峡山湖东岸滩坝横剖面沉积特征

剖面 B、C 和 D 距潍河入湖口的距离逐渐增加，对比三条剖面沉积物粒度分布特征表明，剖面 B 的平均粒径一般为 1.238~1.733φ，平均值为 1.383φ；剖面 C 的平均粒径一般为 1.745~2.192φ，平均值为 1.929φ；剖面 D 的平均粒径一般为 1.726~3.373φ，平均值为 2.302φ（表 3.2）。由图 3.26 可以看出，剖面 B 样品粒度中值一般小于 1.5φ，剖面 C 样品粒度中值一般在 1.5~2.0φ，剖面 D 样品粒度中值一般大于 2.0φ。由此可见，距离潍河入湖口的距离越远，沉积物的粒度越细，表明搬运沉积物的水体的能量随着距离的增加逐渐降低。

通过分析峡山湖东岸滨浅湖滩坝沉积物的粒度概率图表明，此处主要发育有 3 种样式的粒度概率曲线，分别为一跳一悬式、两跳一悬式和滚动跳跃加悬浮式（图 3.27）。其中，以一跳一悬式、两跳一悬式最为常见，滚动跳跃加悬浮含量较少。一跳一悬式和两跳一悬式粒度概率图的跳跃次总体含量非常高,一般都在 95%以上,最高可达 99.6%,仅有几个样品跳跃次总体含量小于 95%,跳跃次总体与悬浮次总体的交切点一般为 3~3.6φ,并且跳跃次总体段斜率较高,一般在 50°~75°,说明峡山湖东岸现代滩坝沉积时期水动力能量较强,并且以牵引流沉积为主。

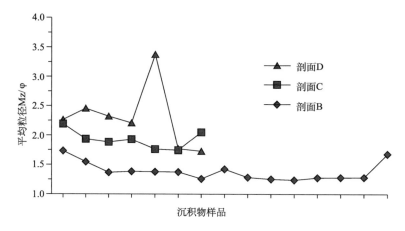

图 3.26　峡山湖东岸不同剖面滩坝沉积物粒度分布特征

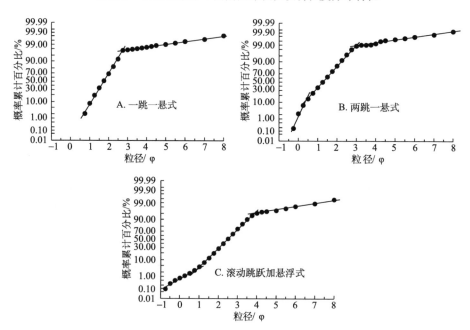

图 3.27　峡山湖东岸现代滨浅湖滩坝砂体粒度概率曲线类型

峡山湖东岸 A、B、C 三处取样点的粒级-标准偏差图特征基本一致(图 3.28)，A 处的 4 组环境敏感粒度组分分别为小于 16μm、16~44μm、44~210μm 和 210~1414μm；B 处的 4 组环境敏感粒度组分分别为小于 16μm、16~44μm、44~177μm 和 177~1189μm；C 处的 4 组环境敏感粒度组分分别为小于 22μm、22~44μm、44~177μm 和 177~841μm。由此可见，剖面 A、B、C 处的粒级-标准偏差图的 4 个峰所分别代表的四组环境敏感粒度组分在不同的取样位置处的范围有所差别，但是三个取样位置处的四组环境敏感粒度组分基本一一对应，粒度范围一般分别为环境敏感粒度组分 i 小于 16μm、环境敏感粒度组分 ii 为 16~44μm、环境敏感粒度组分 iii 为 44~210μm、环境敏感粒度组分 iv 为 177~1189μm。因此，粒级-标准偏差图中四组环境敏感粒度组分反映了四种不同类型、不同能量的水动力。代表同种水动力的环境敏感粒度组分的粒度范围之所以会有差别，是由于同种类型的水动力在不同的取样位置处的能量不同造成的。

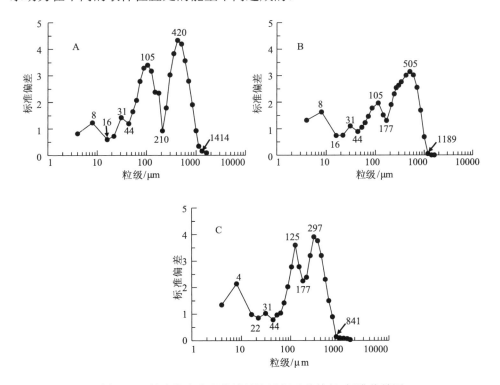

图 3.28　峡山湖东岸现代滨浅湖滩坝砂体粒级-标准偏差图

环境敏感粒度组分 i 与一跳一悬式和两跳一悬式粒度概率图悬浮次总体的粒度较细部分对应良好，反映了能量非常弱的悬浮搬运特征。环境敏感粒度组分 ii 对应于粒度概率图悬浮次总体粒度相对较粗的中间段，含量占粒度总体非常少，推测其代表了某种能量较弱的牵引流,如风生流。环境敏感粒度组分 iii 对应于粒度概率图的悬浮次总体的粒度较粗部分和跳跃次总体的粒度较细部分,悬浮组分含量少,主要为跳跃组分;环境敏感粒度组分 iv 对应于粒度概率图跳跃次总体粒度较粗部分,这两种环境敏感粒度组分在粒度总体中的含量之和非常高,并且在 A、B、C 三个取样处均明显存在,因此,它们反映了波浪和沿岸流的作用。由于取样位置距离潍河入湖口较近(图 3.21),河流入湖后形成的沿岸流对沉积物的改造作用非常明显,图 3.26 中沉积物粒度的变化规律表明沿岸流的能量随着距河口的距离增加而降低,而环境敏感粒度组分 iv 的粒度呈现出随着距河口的距离增加而减小的趋势,环境敏感粒度组分 iii 的粒度范围则变化不大(图 3.29),因此,环境敏感粒度组分 iii 反映了波浪,而环境敏感粒度组分 iv 反映了沿岸流。

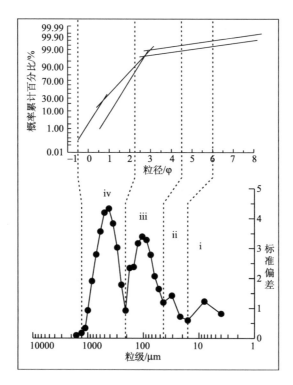

图 3.29 峡山湖东岸滩坝砂体环境敏感粒度组分分析

通过计算上述的四种水动力的环境敏感粒度组分在粒度总体中的百分比表明(表 3.3),悬浮搬运和风生流(推测)环境敏感粒度组分含量一般小于 5%,对滩坝砂体的形成及发育影响很小,波浪环境敏感粒度组分含量一般为 6%~35%,对滩坝砂体的形成和发育影响较大,沿岸流环境敏感粒度组分含量一般为 60%~95%,对滩坝砂体形成和发育影响非常大。

表 3.3　峡山湖东岸滩坝砂体各环境敏感粒度组分占粒度总体的百分比

序号	悬浮搬运/%		风生流（推测）/%		波浪/%		沿岸流/%	
	一般	平均	一般	平均	一般	平均	一般	平均
A	0.18~6.21	2.61	0.17~6.11	2.5	10.08~56.97	33.29	30.95~89.57	61.59
B	0.09~0.62	0.24	0.09~0.63	0.24	3.76~11.7	6.1	88.1~97.1	93.67
C	0.72~17.26	4.46	0.36~5.74	2.04	6.52~44.3	28.61	40.27~92.4	64.9

因此，地貌及水动力特征控制了峡山湖东岸滨浅湖滩坝砂体的形成与分布。开阔区水动力强，有利于沙质滩坝的发育；波浪控制了滩坝砂体横向粒度分布特征，沿岸流控制了滩坝砂体纵向延伸特征。

二、薄互层砂体沉积作用的控制因素

综合分析东营凹陷缓坡带漫湖环境和滨浅湖环境薄互层砂体沉积特征，结合青海湖和峡山湖现代沉积考察表明，控制断陷湖盆缓坡带薄互层砂体形成和分布的因素主要包括古气候、古地貌、古基准面、古物源及古水动力等，这些控制因素并非作为单一因素影响砂体分布，而是相互影响、相互控制，作为一个统一的整体影响薄互层砂体的分布规律。

1. 古气候

古气候特征控制了地质历史时期湖泊沉积环境特征，进而控制了砂体沉积成因类型。气候相对干旱时期，频繁交替变化的干湿气候特征使得湖泊受季节性入湖水流影响明显，具有典型的漫湖特征。东营凹陷孔一段—沙四下亚段下段沉积时期，气候干旱，湖平面升降变化主要受季节性入湖洪水的影响，变化频繁，湖平面位置低，缓坡带沉积作用复杂，兼具重力流和牵引流作用，薄互层砂体沉积以漫湖三角洲为主，在其前端发育了规模较小的漫湖滩坝沉积，垂向上常与盐湖沉积呈现互层特征，盆地缓坡带发育了一定规模的冲积扇沉积（图 3.30 和图 3.31）；沙四下亚段上段沉积时期，气候仍较为干旱，但相对于早期孔一段—沙四下亚段下段沉积时期而言，气候开始逐渐向半干旱转换，此时湖平面升降变化仍受季节性入湖水流的影响，但与早期沉积时期有所不同，湖平面位置相对较高，入湖水流在盆地缓坡带形成了一定规模的稳定河道，沉积作用以牵引流为主，薄互层砂体沉积以浅水三角洲沉积为主，在其前端发育了一定规模的漫湖滩坝沉积，垂向上常与盐湖沉积呈现互层特征，盆地缓坡带冲积扇沉积仍发育，但规模较小，主要发育在缓坡带西段，陡坡带近岸水下扇规模有所增大（图 3.32）；沙四上亚段沉积时期，古气候由干旱逐渐转变为相对潮湿，湖平面升高，水体范围增大，盆地缓坡带以滨浅湖沉积环境为主，湖浪和湖流作用强烈，在广阔的缓坡带地区发育了规模巨大的滨浅湖滩坝沉积，盆地边缘发育了规模较小的曲流河三角洲，盆地洼陷带和陡坡带以半深湖沉积环境为主，陡坡带近岸水下扇沉积规模继续扩大（图 3.33 和图 3.34）。

2. 古地貌

古地貌是碎屑岩物质的沉积场所，有利的古地貌不仅有利于薄互层砂体的沉积，同时有利于薄互层砂体的后期保存。孔一段—沙四下亚段沉积时期东营凹陷具有明显的漫湖特征，盆地缓坡带碎屑岩沉积主要受湖泊外来季节性水流控制，缓坡带主物源方向上的斜坡-洼陷区是水流汇聚、沉积物卸载的有利区域。沉积相平面分布特征表明，漫湖三角洲和浅水三角洲主要发育在盆地西部和东部广阔的斜坡地区（图 3.30~图 3.32），孔一段—沙四下亚段沉积时期原型盆地分析表明，东营凹陷西部青城凸起尚未形成，受滨南断层、石村断层及高青-平南的活动的影响，整体表现坡度平缓的斜坡特征；东营凹陷东部构造特征较为简单，为简单的斜坡特征（图 3.1）。受古地貌特征的影响，季节性入湖水流携带大量的碎屑物质在这些斜坡地区汇聚、卸载，进而形成了规模较大的具有漫湖特征的薄互层砂体沉积。

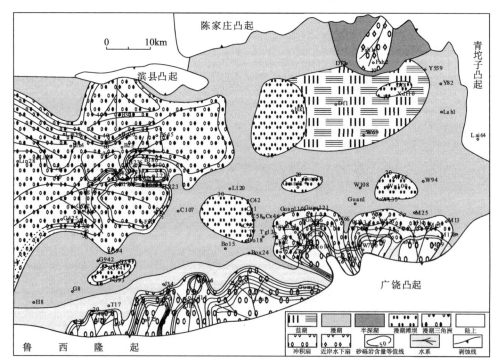

图 3.30　东营凹陷古近系孔一段沉积相类型及平面展布特征

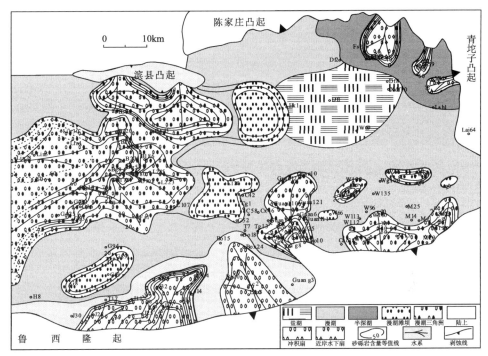

图 3.31　东营凹陷古近系沙四下亚段下段沉积相类型及平面展布特征

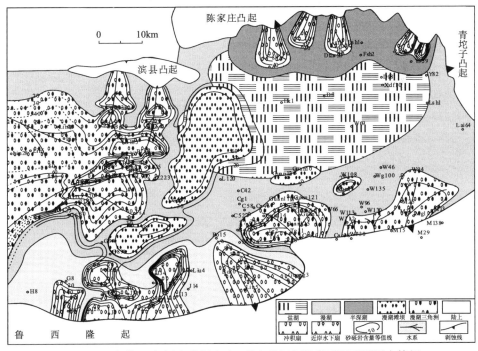

图 3.32　东营凹陷古近系沙四下亚段上段沉积相类型及平面展布特征

由于古气候相对潮湿,沙四上亚段沉积时期东营凹陷缓坡带发育了广阔的滨浅湖沉积环境,发育了规模巨大的滨浅湖滩坝沉积(图3.33和图3.34)。经历了早期的沉积充填作用,沙四上亚段沉积时期东营凹陷缓坡带更为平缓广阔,古地形坡度一般小于2°(王永诗等,2012),为滩坝砂体的形成发育提供了良好的古地貌背景(图3.2)。青海湖及峡山湖现代沉积考察表明,滨浅湖滩坝一般形成于坡度小于10°的地貌背景下,这是由于平缓的古地形有利于滨浅湖环境的发育,地形坡度小使得沉积物沉积过程中重力作用小,有利沉积物垂向加积及保存;平缓的古地形使得波浪、沿岸流等水动力作用范围大,能够时碎屑物质进行长距离、大范围的搬运。

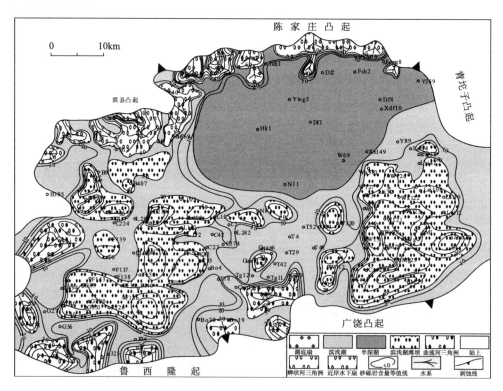

图3.33 东营凹陷古近系沙四上亚段纯下段沉积相类型及平面展布特征

东营凹陷沙四上亚段沉积时期缓坡带并不是一个简单的斜坡,其内部发育了金家-樊家、柳桥、小营、纯化-草桥、尚店平方王、陈官庄、王家岗等多个鼻状构造和同生断层断阶构造,并且缓坡带不同位置岸线形态存在明显的差别,这些正向微观古地貌对滨浅湖滩坝砂体的形成发育具有较大的影响(图3.2)。平面上滩坝砂体主要分布在这些正向构造带周围,这是由于受不规则地貌特征的影响,滨浅湖区波浪能量在传播过程中会发生辐聚和辐散（李国斌等，2010）。在水下正向构造带处，波能一般集中于正向构造带周围，使得该处的波高几倍于其他部位，波浪能量增强，其搬运动力大大增加，有利于粒度粗、分选好的碎屑物质搬运和沉积，是厚度较大、分选好的滩坝砂体的有利发育区；在水下负向构造带处，波能发生折射而辐散，波高减小，波浪搬运动力减弱，不利于粗粒沉积物的搬运和沉积，滩坝砂体不发育。受石村断层和高青-平南断层北段活动的影响，沙四上亚段沉积时期，东营凹陷南部缓坡带中部呈 NW 向向盆地中心突出，并形成了与隆起相连的纯化-草桥鼻状构造，岸线向湖盆内部突出，而两侧的边界形态相对简单，呈内凹的弧形，同时北部也形成了走向与纯化-草桥鼻状构造基本一致的小营鼻状构造，具有凸岸特征，内凹的弧形岸线处滩坝砂体走向与岸线平行或基本一致，而中部纯化—小营一带滩坝砂体基本上沿着岸线突出方向延伸（图 3.2、图 3.33 和图 3.34），这与青海湖二郎剑地区沿岸砾沙坝沉积分布特征极为相似。古气候和古风向分析表明，渤海湾盆地沙四上亚段沉积时期盛行西北风或北风（李国斌等，2010），因此，东营凹陷南部缓坡带为迎风面，且凹岸与古风向高角度相交，为开阔的高能滨浅湖环境，波浪作用强烈，使得凹岸处滩坝砂体走向与岸

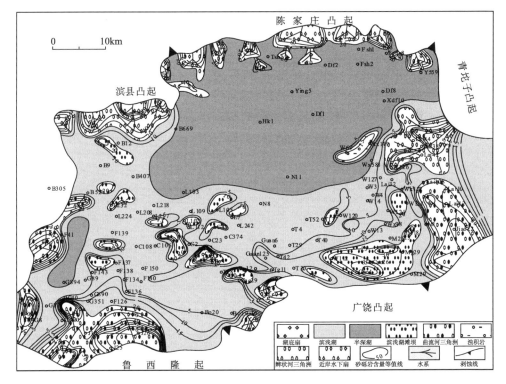

图 3.34 东营凹陷古近系沙四上亚段纯上段沉积相类型及平面展布特征

线平行；受岸线形态由凹岸向凸岸转变的影响，沿岸流方向受惯性控制转变为沿凸岸延伸方向，使得滩坝砂体走向与凸岸延伸方向一致，这与青海湖现代沿岸砾沙坝和沙嘴形成分布具有良好的可类比性。

因此，漫湖环境下，宏观古地貌对与薄互层砂体的形成和分布控制作用明显；而滨浅湖环境下，宏观古地貌提供了薄互层砂体的整体发育背景，微观古地貌控制了其分布规律。

3. 古水动力

湖泊中古水动力的发育特征常受古气候和古地貌控制。干旱气候条件下发育的漫湖环境中，古水动力主要为季节性入湖的洪水或河流，其分布主要受控于古地貌，因此，漫湖环境下古水动力对薄互层砂体的形成发育的影响主要体现在水体能量对薄互层砂体类型的影响上。低水位漫湖环境下，洪水作用明显，水体能量强，使得漫湖三角洲沉积底部常发育反映重力流沉积的洪水水道，随着水体能量的逐渐减弱，向上逐渐转变为反映牵引流沉积的分流河道；高水位漫湖环境下，缓坡带以牵引流性质的河流作用为主，使得此时发育的浅水三角洲以牵引流作用为特征。

潮湿气候条件下发育的滨浅湖环境中古水动力类型及特征复杂多样，东营凹陷缓坡带沙四上亚段滨浅湖滩坝砂体和峡山湖现代滨浅湖滩坝砂体环境敏感粒度组分特征分析表明，影响滨浅湖滩坝砂体形成发育的水动力主要为波浪和沿岸流。

东营凹陷缓坡带西段沙四上亚段纯下段 1 砂组（Es_4s^{cx1}）滩坝砂体发育区成像测井资料分析表明，不同位置处发育的古水流方向存在一定的规律性，表明滩坝砂体发育期湖泊内古水流方向复杂（图 3.35）。F142 井处成像测井资料反映的古水流方向主要分为 NW 和 NE 两组；C108 井处古水流方向主要分为 NNW 和 SEE 两组；Bo901 井处古水流方向主要为 NW 和 NNE 两组；B405 井处古水流方向主要为 SE 和 NEE 两组。成像测井反映的具有 NW 向特征的古水流方向与滩坝砂体发育区的古风向基本一致，反映了波浪冲刷-回流作用；具有 NE 向特征的古水流方向与凹岸走向一致或与凸岸延伸方向基本一致，反映了沿岸流作用方向。根据成像测井反映的古水流方向，结合东营凹陷西段滩坝砂体发育区周围水系分布特征及古构造特征，推测恢复了 Es_4s^{cx1} 砂组沉积时期古水流方向（图 3.35）。总体而言，波浪作用方向与滩坝砂体延伸方向高角度相交，而沿岸流方向与滩坝砂体延伸方向基本一致。

波浪能量的横向分带性控制了滨浅湖滩坝砂体粒度平面分布特征。波浪在深水区形成后，其能量由深水区向浅水区逐渐传递，当传递至浪基面之上时，波浪开始触及底形并发生形变，当水深在 1~2 倍波高时，尤其是在水下正向古构造周围，波浪剧烈变形，形成破浪带，能量快速释放，能够搬运粒度较粗的沉积物，

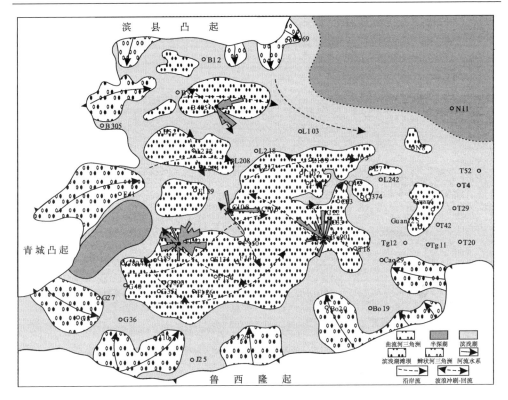

图 3.35 东营凹陷西段沙四上亚段纯下段 1 砂组古水流方向推测与砂体展布

而在破浪带两侧，波浪能量较弱，能够搬运的沉积物粒度相对较细。东营凹陷南坡西段滨浅湖滩坝砂体可以划分出三个粒度带（图 3.36），靠近洼陷和靠近湖盆边缘为粒度相对较细沉积物分布带，一般沉积物粒度均 2φ 以上，峰值在 4φ 附近，而中部粒度较粗，发育小于 2φ 的碎屑颗粒组分，且峰值在 3.5φ 以下，这种分布规律与青海湖和峡山湖现代滨浅湖沉积物分布基本一致。

沿岸流作用控制了滩坝砂体延伸方向。现代滨浅湖滩坝和东营凹陷滨浅湖滩坝砂体平面分布特征表明，沿岸流在凹岸区流动方向与岸线基本一致，而在凸岸区流动方向发生偏转，受惯性作用或河流水系的影响，其流动方向与凸岸延伸方向基本一致。沿岸流侧向搬运作用使得滩坝砂体延伸方向与其流向具有良好的对应关系（图 3.35）。

4. 古基准面

沉积基准面变化反映了沉积期相对湖平面的升降变化，陆相断陷湖盆中，基准面的升降变化常常受到构造运动、气候变化及沉积物供给等因素控制。东营凹陷孔一段—沙四段沉积时期处于湖盆初始断陷初期，构造活动相对较弱，对基准

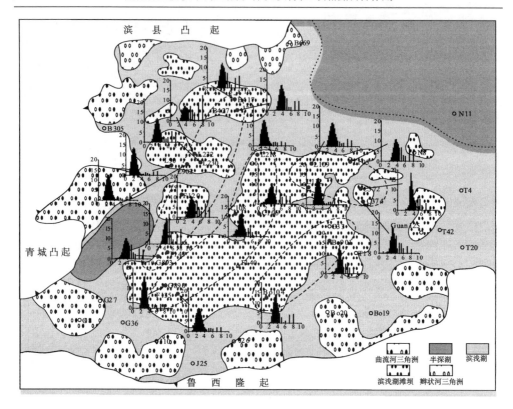

图 3.36　东营凹陷西段沙四上亚段纯下段 1 砂组沉积物粒度分布特征

面升降变化的影响相对较小。不同沉积环境下古基准面的升降变化特征及其沉积响应存在明显的差别。古基准面的升降变化控制了不同成因类型沉积砂体垂向发育和富集规律。

漫湖环境下相对湖平面的升降变化主要受季节性入湖水流控制，即频繁变化的干湿气候交替控制了漫湖环境下古基准面的升降规律。气候相对潮湿时期，入湖水流携带大量的碎屑物质进入湖泊，基准面处于上升状态，以缓坡带沉积碎屑岩为特征；气候相对干旱时期，入湖水流量明显降低，蒸发作用强烈，湖泊水体范围迅速缩小，基准面处于快速下降状态，以洼陷带沉积膏盐岩为特征。这种基准面升降变化对沉积物类型的控制作用与青海湖古代沿岸砾沙坝中发育的受气候控制的含盐韵律层具有十分相似的特征（图 3.19）。受古气候干湿交替控制的古基准面升降变化特征使得盆地不同位置具有不同的沉积响应。在盆地缓坡带边缘，沉积砂体厚度大、粒度粗，在一个旋回的底部常发育砾岩、含砾砂岩等，并且具有冲刷-充填构造，向上沉积物粒度逐渐变细，砂体厚度逐渐变薄，泥岩发育在旋回的顶部，厚度较小，此种类型的沉积旋回往往为基准面持续上升的产物，如

Box24 井（图 3.37A）；盆地缓坡带内侧，沉积砂体厚度变薄，粒度变细，常表现为向上粒度变细的正旋回，一个旋回底部常为粒度相对较粗、厚度相对较大的砂岩，向上粒度变细、砂体厚度变薄，旋回顶部主要为厚度相对较大的泥岩沉积或薄砂层沉积，反映了基准面在泥岩沉积末期由上升转为下降，如 W46 井（图 3.37B）；盆地洼陷带靠近缓坡带一侧，沉积物粒度相对较细，砂体厚度非常薄，并且常和膏盐层呈互层产出，薄互层砂体沉积初期的基准面处于上升状态，薄互层砂体沉积晚期和膏盐岩沉积时期的基准面处于下降状态，并且膏盐岩沉积自下而上表现为含膏泥岩、泥质膏盐岩、膏盐岩和盐岩，如 Hk1 井（图 3.37C）；盆地洼陷带相对靠内位置，砂体基本不发育，沉积物主要为泥岩和膏盐岩互层，基准面上升期常发育厚度较大的泥岩层，基准面下降期以膏盐岩沉积为主，且自下而上表现为含膏泥岩、泥质膏盐岩、膏盐岩和盐岩的演化序列，如 Xdf10 井（图 3.37D）；盆地洼陷带相对靠近陡坡带一侧，沉积物主要为薄层泥岩、泥质膏盐岩、厚层膏盐岩和盐岩互层，基准面上升期，湖盆水体范围相对较大，盐度相对较低，以发育薄层泥质膏盐岩沉积为主，基准面下降期，湖盆水体范围迅速减小，盐度增大，沉积物主要为少量的泥质膏盐岩和含膏泥岩互层以及大套的膏盐岩和盐岩互层，如 Fsh2 井（图 3.37E）；盆地陡坡带靠近控盆断层位置，沉积物表现为中厚层砾岩、砂岩和薄层膏盐岩互层沉积，基准面上升时期，以沉积中厚层砾岩、砂岩为主，向上沉积物厚度逐渐减薄，粒度变细，基准面下降时期，由于陆源沉积物供给量减小，湖盆水体变浅，盐度增大，以沉积膏盐岩为特征，如 Fsh1 井（图 3.37F）。因此，漫湖环境下基准面上升期以沉积砂体为主，下降期以沉积泥岩、膏盐岩为主（图 3.38）。

垂向上，孔一段—沙四下亚段沉积时期可划分出多个受干湿气候交替变化控制的短期和中期基准面旋回（图 3.39），它们在横向上具有良好的可对比性（图 3.40 和图 3.41）。总体而言，盆地缓坡带处，砂体主要在短期基准面上升期内发育，在中期基准面上升期内富集；盆地洼陷带内沉积主要发育在基准面下降期，以沉积具有环带结构的膏盐岩为特征。

东营凹陷沙四上亚段沉积时期发育的滨浅湖环境处于二级基准面上升旋回初期，基准面上升缓慢，平缓的古地貌背景有利于波浪作用的稳定发育，波浪作用时间相对较长，有利于滨浅湖滩坝砂体的发育。滩坝砂体发育期的中长期基准面升降变化特征控制了滩坝砂体发育厚度和规模。沉积基准面变化反映了沉积期相对湖平面的升降变化，当某一时期的相对湖平面处于相对状态时,沉积区的岸线、水动力条件等也将保持相对稳定，此时波浪和沿岸流作用就能维持相对较长时间的作用状态，有利于滩坝砂体的垂向加厚，使其规模变大；如果基准面处于频繁升降运动状态，波浪和沿岸流作用位置随着基准面的升降而频繁的变化，导致其所控制下的沉积体侧向迁移，而不是垂向叠加，从而使得滩坝砂体厚度和规模相对较小。因此，沙四上亚段纯下段层序低位域和高位域沉积时期，中期基准面保持相对稳定状态，滩坝砂体厚度大，坝砂沉积发育；而湖侵域沉积时期，基准面处于相对快速上升的频繁振荡状态，滩坝砂体厚度小，以滩砂沉积为主（图 3.42 和图 3.43）。随着基准面的上升，滩坝砂体主体部分呈现出逐渐向岸迁移的特征。青海湖和峡山湖现代滨浅湖滩坝砂体和东营凹陷沙四上亚段滩坝砂体沉积特征表明，滩坝砂体主要发育在短期基准面下降旋回晚期。当短期基准面下降时，沉积剖面整体表现为水体向上变浅的沉积旋回，但由于岸线的不断向湖迁移，形成的滩坝砂体发育不完整，垂向上常呈反序特征。

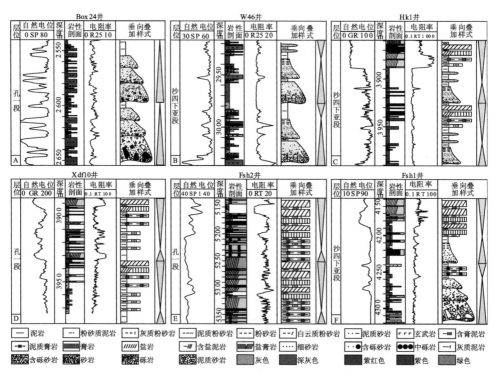

图 3.37　东营凹陷孔一段—沙四下亚段基准面旋回的沉积响应特征

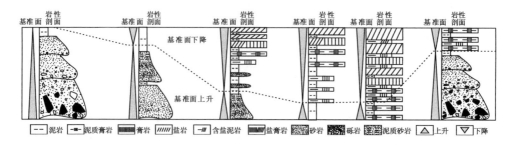

图 3.38　东营凹陷孔一段—沙四下亚段基准面旋回对比模式

第三章 薄互层砂体的沉积模式

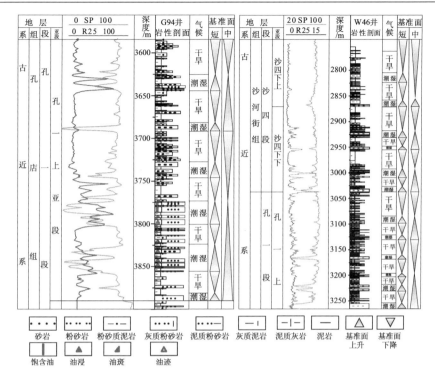

图 3.39 东营凹陷缓坡带 G94 井和 W46 井孔一段—沙四下亚段基准面旋回划分

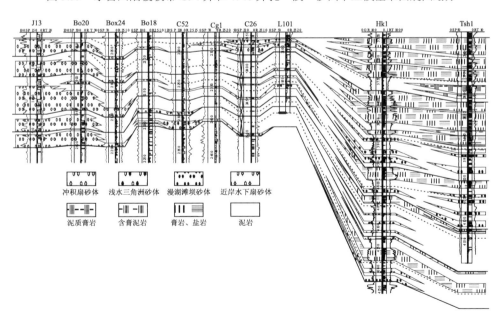

图 3.40 东营凹陷过 J13 井—Tsh1 井沙四下亚段连井对比剖面

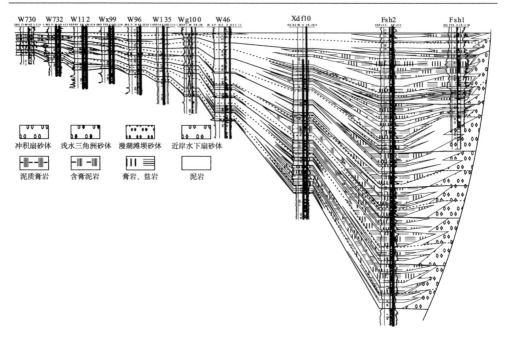

图 3.41 东营凹陷过 W730 井—Fsh1 井沙四下亚段连井对比剖面

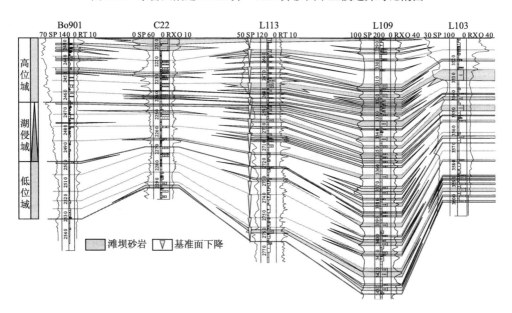

图 3.42 东营凹陷过 Bo901 井—L103 井沙四上亚段连井对比剖面

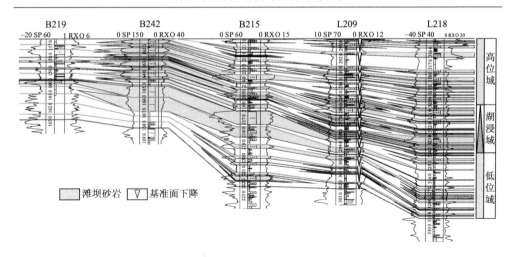

图3.43 东营凹陷过B219井—L218井沙四上亚段连井对比剖面

5. 古物源

沉积物供给是决定砂体发育规模的最基本的条件，没有稳定、充足的碎屑物质的供应，其他沉积环境条件再好也难以形成大规模的薄互层砂体沉积。薄互层砂体沉积特征表明，断陷湖盆缓坡带影响薄互层砂体沉积的水动力类型主要包括外来入湖水动力（洪水、河流）和湖内水动力（波浪、沿岸流），前者决定了盆地周围物源体系强度和规模，后者决定了对入湖水流携带的沉积物的改造程度，两种水动力的相互作用和相互制约在一定程度上决定了薄互层砂体的成因类型和发育规模。

漫湖环境下，湖平面升降变化频繁，且变化规模非常大，难以形成大规模的波浪和沿岸流作用，而是以洪水、河流等入湖水流作用为主，因此，薄互层砂体以漫湖三角洲和浅水三角洲沉积为主，且其发育规模受控于物源体系强度。孔一段—沙四下亚段沉积相平面分布特征表明（图3.28~图3.30），这一时期主要存在北西部—北部和南部两大物源体系，其中前者强度明显强于后者。受北西部-北部强物源体系控制，在盆地西部发育了规模巨大的漫湖三角洲和浅水三角洲沉积；南部弱物源体系西段控制发育了规模较小的冲积扇沉积，东段控制发育了规模较小的漫湖三角洲和浅水三角洲沉积。总体而言，漫湖环境下薄互层砂体发育规模可概括为"强源广沉，缓坡带广阔地区砂体发育；弱源少沉，缓坡带边缘局限地区砂体发育"。

滨浅湖环境下发育的滩坝砂体主要受湖内水动力波浪和沿岸流控制，河流作用和波浪、沿岸流作用的动态平衡是滩坝砂体形成发育的基础，过强的河流作用使得沉积物供给非常充足，同时也抑制了波浪和沿岸流的作用，使得沉积以大型建设型三角洲为主；过弱的河流作用使得碎屑物质供应非常少，缺乏滩坝砂体形成的物质基础。研究表明，东营凹陷沙四上亚段纯下段滩坝砂体大规模发育时期可容空间增量与沉积物供给量比值（A/S）约为1（王永诗等，2012），表明河流作用与波浪作用处于良好的平衡状态，非常有利于滨浅湖滩坝砂体的发育。沙四上亚段纯下段沉积时期，缓坡带周缘发育了多个规模中等的曲流河三角洲和辫状河三角洲沉积体系，提供了非常丰富的碎屑物质，形成了规模巨大的滨浅湖滩坝砂体沉积（图3.31）；沙四上亚段纯上段沉积时期，相对湖平面快速上升，同时盆地周缘沉积物供给量明显降低，碎屑物质供应不足，形成的滩坝砂体规模较小（图3.32）。

第三节　沉积演化模式

在薄互层砂体沉积环境特征、沉积成因类型及分布规律研究的基础上，建立了薄互层砂体沉积时期湖泊沉积演化模式。

一、干旱气候条件下高频振荡性漫湖-盐湖沉积模式

上述沉积环境特征表明，东营凹陷孔一段—沙四下亚段沉积时期湖泊具有干旱气候条件下高频振荡性漫湖-盐湖特征，其中孔一段—沙四下亚段下段沉积时期湖泊水体范围非常小，为低水位高频振荡性漫湖-盐湖环境；沙四下亚段上段沉积时期，湖泊水体范围相对较大，水位较高，为高水位振荡性漫湖-盐湖环境。

低水位振荡性漫湖-盐湖水体范围和湖平面主要受季节性入湖洪水的影响。气候相对潮湿时期，洪水作用活跃，受入湖洪水的影响，湖平面迅速上升，湖水范围迅速扩大，并且入湖洪水携带大量的陆源碎屑物质在盆地缓坡带和局部的陡坡带堆积，在缓坡带边缘形成了规模不等的冲积扇沉积，缓坡带内部形成大规模的连片分布的漫湖三角洲砂体。由于湖平面相对较深，各种湖流如波浪等作用相对较强，对连片分布的砂体改造，形成了规模相对较小的孤立分布的漫湖滩坝沉积。洪水活跃期由于大量的入湖洪水的影响，湖盆水体盐度较低，在湖盆洼陷带主要沉积红色或灰色泥岩或含膏泥岩，局部地区发育泥质膏盐岩（图3.44A）。气候相对干旱时期，洪水作用迅速减弱，为洪水间歇期，湖盆水体范围由于强烈的蒸发作用迅速萎缩，湖平面快速下降，洪水期缓坡带沉积的连片分布的砂体大部分暴露出水面，仅在湖盆洼陷带存在一定范围的水体。由于强烈蒸发作用和缺乏入湖淡水的补给，湖盆水体盐度迅速增大，并且呈现出一定的分带性，由水体边缘向内部盐度逐渐增高，相应的沉积物也表现出明显的分带性，在水体边缘主要沉积紫红色泥岩和钙质泥岩，向内部逐渐沉积含膏泥岩和膏盐岩（图3.44B）。因

此，一个完整的洪水期-间洪水期沉积序列在盆地缓坡带边缘表现为基准面持续上升背景下的陆源粗碎屑沉积，向上沉积物粒度逐渐变细，砂体厚度逐渐变薄；在广阔的间歇性暴露出水面的缓坡带沉积区，洪水期-间洪水期沉积序列表现为基准面以上升为主背景下的陆源碎屑沉积，晚期基准面快速下降，自下而上、由盆地边缘向盆地内部沉积物粒度逐渐变细，砂体厚度逐渐变薄，顶部发育厚度相对较大紫红色泥岩沉积；在盆地洼陷带靠近缓坡带一侧，洪水期-间洪水期沉积序列表现为基准面上升背景下的薄互层砂体泥岩互层和基准面下降背景下的含膏泥岩、泥质膏盐岩和膏盐岩沉积；在盆地洼陷带相对靠内位置，洪水期-间洪水期沉积序

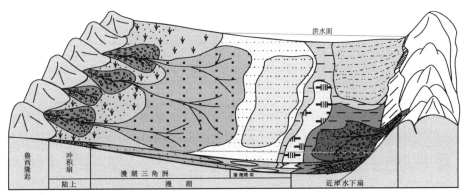

A. 洪水活跃期

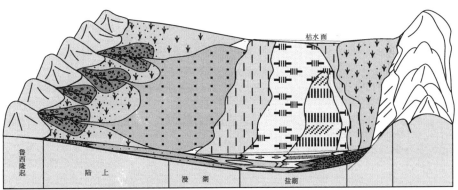

B. 洪水间歇期

C. 完整的洪水期-间洪水期沉积序列

图 3.44　东营凹陷低水位高频振荡性漫湖-盐湖沉积模式

列表现为基准面上升背景下的泥岩沉积和基准面下降背景下的含膏泥岩、泥质膏盐岩和泥岩互层以及晚期的膏盐岩沉积；在盆地洼陷带相对靠近陡坡带一侧，洪水期-间洪水期沉积序列表现为基准面短暂上升背景下的薄层泥质膏盐岩和薄层泥岩互层及基准面下降背景下的泥质膏盐岩、含膏泥岩互层与晚期的厚层膏盐岩沉积；在盆地陡坡带附近，洪水期-间洪水期沉积序列表现为基准面上升背景下的陆源粗碎屑沉积和基准面下降背景下的薄层含膏泥岩、泥质膏盐岩互层（图3.44C）。

高水位振荡性漫湖-盐湖水体范围和湖平面变化主要受控于季节性河流作用。气候相对潮湿时期，河流作用强烈，由于大量水体注入湖泊，使得湖盆水体范围扩大，湖平面上升，入湖河流携带大量的陆源碎屑物质在盆地缓坡带堆积，形成规模较大的连片分布的浅水三角洲砂体（图3.45A）。湖盆水体范围广阔时，波

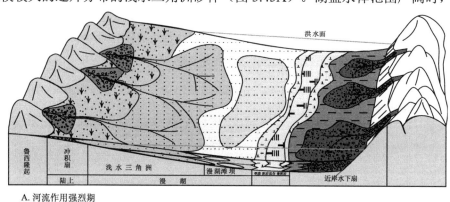

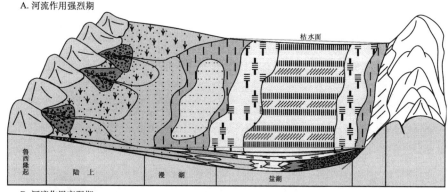

图3.45 东营凹陷高水位高频振荡性漫湖-盐湖沉积模式

浪作用较为发育,将浅水三角洲砂体改造形成分布于其前端的孤立的漫湖滩坝沉积。盆地陡坡带发育少量的近岸水下扇沉积。由于河流作用强烈,湖盆水体能够得到充分的补给,水体盐度较低,在盆地洼陷带主要沉积泥岩或钙质泥岩,局部地区发育含膏泥岩和泥质膏盐岩。气候相对干旱时期,河流作用衰弱,由于蒸发作用强烈,湖盆水体范围缩小,水体相对变浅,湖平面下降,部分河流作用强烈期沉积的浅水型三角洲暴露出水面,此时盆地缓坡带边缘的沉积作用主要表现为波浪对先前形成砂体的改造作用,而在盆地内侧,由于湖盆水体盐度增加,主要沉积盐类矿物,并且有盆地边缘向盆地内部呈现出泥岩、含膏泥岩、泥质膏盐岩和膏盐岩的变化序列(图3.45B)。一个完整的河流作用强烈期-衰弱期沉积序列在盆地的不同位置的特征与完整的洪水期-间洪水期沉积序列在盆地不同位置的特征基本一致,所不同的是在缓坡带沉积区,河流作用衰弱时期发育一定规模的漫湖滩坝沉积(图3.45C)。

二、潮湿气候条件下咸水滨浅湖-半深湖沉积模式

东营凹陷沙四上亚段沉积时期,气候相对潮湿,盆地缓坡带具有十分明显的平盆广水特征,滨浅湖沉积环境十分发育,盆地洼陷带水体较深,以半深湖沉积环境为特征。由于气候相对潮湿,湖泊淡水注入量增加,蒸发量减少,水体盐度明显降低,由早期的盐湖演变成为咸水湖泊。缓坡带滨浅湖沉积环境中波浪和沿岸流作用强烈,对缓坡带边缘发育的曲流河三角洲砂体进行再搬运、沉积,在缓坡带广阔地区发育了规模非常大的滨浅湖滩坝沉积。受缓坡带内微观正向古地貌的影响,滩坝砂体在平面上常呈现为坝砂、滩砂相间的沉积特征。微观正向构造带对波浪能量影响明显,某一时期内,在其周围一般为破浪带,能够搬运和沉积的沉积物粒度粗,以坝砂沉积为主,在坝砂沉积两侧一般发育粒度相对较细的滩砂沉积(图3.46)。受基准面升降变化的影响,破浪带呈现出频繁的迁移特征,使得坝砂沉积在平面上呈现为相互平行的多个条带。平面上,滩坝砂体发育区的岸线形态和沿岸流发育特征控制了其延伸方向。凹岸发育区,沿岸流延伸方向常与岸线平行,使得滩坝砂体延伸方向与岸线延伸方向平行;凸岸发育区,受岸线形态变化的影响,沿岸流方向由平行与凹岸逐渐转变为与凸岸延伸方向一致,使得滩坝砂体延伸方向与凸岸延伸方向一致(图3.46)。盆地陡坡带控盆断层活动逐渐增强,沉积环境以半深湖为主,断层下降盘发育了规模较大的近岸水下扇沉积,在扇体前端发育了一定规模的湖底扇沉积。盆地洼陷带同样以半深湖沉积环境为主,由于沉积物供给量较少,洼陷带以沉积半深湖泥岩为主;沙四上亚段沉积时期,在盆地中央发育了规模相对较小的咸水湖泊膏盐岩沉积,具有深水蒸发岩特征,膏盐岩沉积在平面上具有明显的含膏泥岩、膏盐、盐岩的环带结构特征。

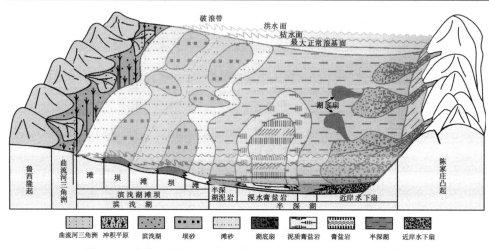

图 3.46　东营凹陷潮湿气候条件下咸水滨浅湖-半深湖沉积模式

由此可见，受沉积环境的演化影响，东营凹陷孔一段—沙四段薄互层砂体沉积时期自下而上具有不同的沉积模式。沉积环境演化特征自下而上呈现为干旱气候条件下低水位高频振荡性漫湖-盐湖沉积环境、干旱气候条件下高水位高频振荡性漫湖-盐湖沉积环境和潮湿气候条件下咸水滨浅湖-半深湖沉积环境，相应地，盆地缓坡带沉积环境自下而上呈现为低水位漫湖环境、高水位漫湖环境和滨浅湖环境。因此，东营凹陷缓坡带薄互层砂体沉积自下而上呈现为漫湖三角洲-漫湖滩坝、浅水三角洲-漫湖滩坝和滨浅湖滩坝沉积的演化特征。

第四章 薄互层砂体储层的储集特征

第一节 薄互层砂体储层储集物性特征

一、漫湖环境薄互层砂体储层储集物性特征

漫湖环境薄互层砂体成因类型主要包括漫湖三角洲、浅水三角洲和漫湖滩坝，储层实测物性分析表明，漫湖环境薄互层砂体储层孔隙度和渗透率均具有随着埋藏深度的增加而逐渐降低的特征，并且在某一深度范围内常出现孔隙度和渗透率局部高值（图 4.1）。东营凹陷南坡古近系漫湖环境薄互层砂体储层孔隙度分布范围较广，并且表现为两个高值范围，其中第一个孔隙度高值主要为 7%~22%，第二个孔隙度高值为 23%~30%。孔隙度小于 7% 的样品含量小于 4.4%，第一个孔隙度高值范围样品含量为 69.53%，第二个孔隙度高值范围样品含量为 20.37%；渗透率分布范围同样较广，主要为 $0.16×10^{-3} \sim 320×10^{-3} \mu m^2$，样品含量占 86.28%（图 4.2）。由此表明，漫湖环境薄互层砂体储层储集物性相对较好，多为中孔中渗或中孔高渗储层。

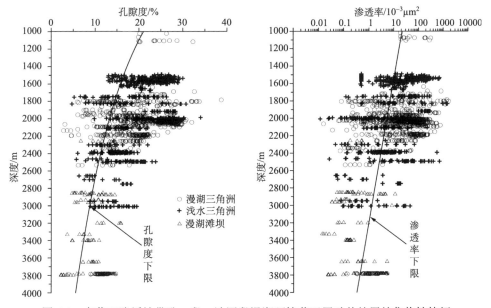

图 4.1　东营凹陷缓坡带孔一段—沙四段漫湖环境薄互层砂体储层储集物性特征

不同成因类型的薄互层砂体储层孔隙度和渗透率具有明显不同的分布特征（图 4.3 和表 4.1）。漫湖三角洲和浅水三角洲砂体储层储集物性相对较好，漫湖滩坝储层储集物性最差。

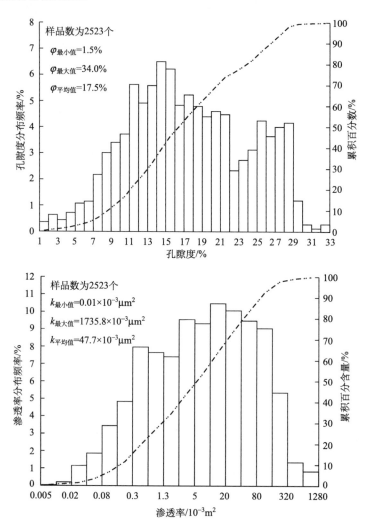

图 4.2　东营凹陷缓坡带孔一段—沙四段漫湖环境薄互层砂体储层孔隙度、渗透率分布直方图

同一沉积相内不同沉积微相砂体储集物性同样存在明显差别，如漫湖三角洲分流河道和河口坝砂体储集物性好于洪水水道和席状砂砂体；浅水型三角洲分流河道和河口坝砂体储集物性好于席状砂砂体；漫湖滩坝坝主体和滩脊砂体储集物性好于坝侧缘和滩席砂体。

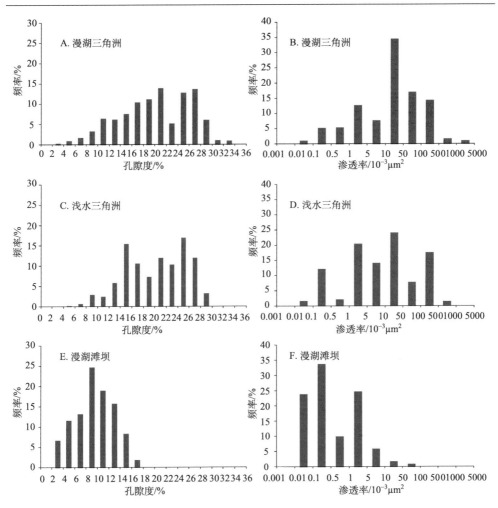

图 4.3 东营凹陷缓坡带孔一段—沙四段漫湖环境薄互层砂体储层储集物性分布特征

表 4.1 东营凹陷缓坡带孔一段—沙四段漫湖环境不同成因类型薄互层砂体沉积微相物性特征

沉积相		样品数/块	孔隙度/%			渗透率/$10^{-3}\mu m^2$		
			最大	最小	平均	最大	最小	平均
漫湖三角洲	洪水水道	22	17.7	2.8	8.5	31.3	0.036	4.34
	分流河道	848	33.7	3.1	19.85	1658.13	0.016	78.1
	河口坝	37	28.1	5.8	18.7	539.9	0.11	129.7
	席状砂	77	21.6	4.5	11.65	213.66	0.081	10.815
浅水型三角洲	分流河道	581	34	5.7	19.35	711.2	0.01	49.5
	河口坝	115	30.7	4.7	19.3	1472.9	0.05	129.5
	席状砂	44	28.1	5.2	14.15	182	0.05	16.55

续表

沉积相		样品数/块	孔隙度/%			渗透率/$10^{-3}\mu m^2$		
			最大	最小	平均	最大	最小	平均
漫湖滩坝	坝主体	50	17.2	9.1	12.05	13.6	0.064	3.35
	滩脊	22	11.8	4.7	8.6	0.516	0.051	0.18
	坝侧缘	4	8.4	5.3	6.35	0.068	0.034	0.046
	滩席	46	15.9	2.2	8.52	11.35	0.014	0.83

薄互层砂体沉积特征表明，东营凹陷缓坡带孔一段—沙四段漫湖环境薄互层砂体垂向上与泥岩呈现为频繁的互层特征。漫湖环境薄互层砂体储层孔隙度和渗透率具有由砂体边缘向砂体中部逐渐增大的特征。在砂体边缘带内，随着距离砂泥岩界面距离的增加，孔隙度和渗透率迅速增加，而在砂体中部，孔隙度和渗透率随着砂泥岩界面的距离的增加而缓慢增加，且逐渐趋于稳定（图4.4）。因此，漫湖环境薄互层砂体中部储层物性好于砂体边缘，砂体厚度越大，储层物性相对越好。

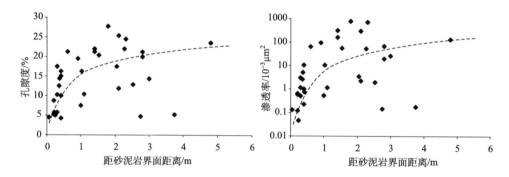

图4.4　东营凹陷漫湖环境薄互层砂体储层储集物性与距砂泥岩界面距离的关系

东营凹陷缓坡带发育了多条沟通沙四上亚段和沙三下亚段烃源岩的断层（图1.1B），

这些油源断层的倾向与缓坡带倾向一致，由于油源断层的分割，缓坡带漫湖环境薄互层砂体被分成多个向盆地方向倾斜的断块，这些断块的顶部常被小型的反向断层遮挡。断块内，薄互层砂体储层储集物性与距离油源断层的距离具有非常明显的关联性。漫湖环境薄层砂储层孔隙度、渗透率、有效孔隙度和有效渗透率均具有随着距油源断层距离增加而逐渐降低的特征，表明断块下部储层物性好于断块上部（图4.5）。

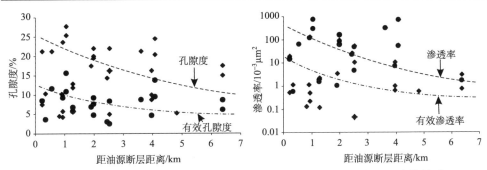

图 4.5 东营凹陷漫湖环境薄互层砂体储层储集物性与距油源断层距离的关系

二、滨浅湖环境薄互层砂体储层储集物性特征

滨浅湖环境薄互层砂体成因类型主要为滨浅湖滩坝,储层实测物性分析表明,滨浅湖环境薄互层砂体储层孔隙度和渗透率同样均具有随着埋藏深度的增加而逐渐降低的特征,并且在某一深度范围内常出现孔隙度和渗透率局部高值(图4.6)。东营凹陷南坡古近系滨浅湖环境薄互层砂体储层孔隙度分布范围较广,孔隙度高值主要分布在 6%~24%。渗透率分布范围同样较广,主要分布在 $0.1 \times 10^{-3} \mu m^2 \sim 50 \times 10^{-3} \mu m^2$(图4.7)。由此表明,滨浅湖环境薄互层砂体储层储集物性相对较好,多为中孔中渗或中孔低渗储层。

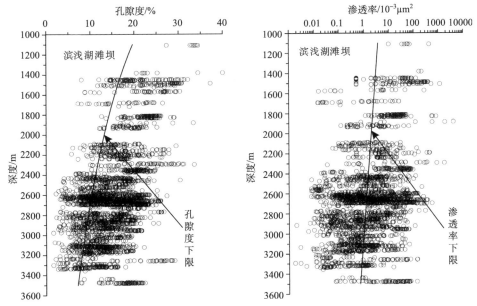

图 4.6 东营凹陷缓坡带孔一段—沙四段滨浅湖环境薄互层砂体储层储集物性特征

同一沉积相内不同沉积微相砂体储集物性同样存在明显差别，滨浅湖环境滩坝坝主体物性最好，滩脊微相储集物性次于坝主体微相，坝侧缘和滩席微相物性最差（表4.2）。另外，滨浅湖滩坝物性分析表明，砂体厚度对储层物性具有明显的影响，单砂体厚度越大，储层物性越好（表4.2）。

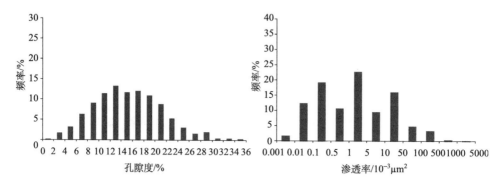

图4.7　东营凹陷缓坡带孔一段—沙四段滨浅湖环境薄互层砂体储层储集物性分布特征

表4.2　东营凹陷缓坡带孔一段—沙四段滨浅湖环境薄互层砂体沉积微相物性特征

微相	井号	深度/m	厚度/m	孔隙度/%			渗透率/$10^{-3}\mu m^2$		
				最大	最小	平均	最大	最小	平均
坝主体	G890	2597.0~2602.0	5	23.3	17.1	20.6	130.7	0.9	21.2
	F1	3308.6~3314.5	5.9	13.2	9	11.6	2.4	0.93	1.6
滩脊	F143	3114~3116.5	2.5	14.2	7	10.1	1.3	0.13	0.53
	F143	3132~3134.3	2.3	14.3	6.8	9.9	2.9	0.03	0.92
坝侧缘	F154	3510.8~3511.4	0.6	7.8	4.9	6.8	0.25	0.016	0.13
	G892	3170.7~3171.9	1.2	12.9	6.9	9.9	0.029	0.017	0.023
滩席	G890	2611.0~2612.5	1.5	11.5	4.7	7.5	0.42	0.01	0.18
	G89	2997.6~2998.6	1	9.5	7.4	8.7	0.19	0.15	0.17

薄互层砂体沉积特征表明，东营凹陷缓坡带孔一段—沙四段滨浅湖环境薄互层砂体垂向上与泥岩呈现为频繁的互层特征。滨浅湖环境薄互层砂体储层孔隙度和渗透率具有由砂体边缘向砂体中部逐渐增大的特征。在砂体边缘带内，随着距离砂泥岩界面距离的增加，孔隙度和渗透率迅速增加，而在砂体中部，孔隙度和渗透率随着砂泥岩界面的距离的增加而缓慢增加，且逐渐趋于稳定（图4.8）。因此，滨浅湖环境薄互层砂体中部储层物性好于砂体边缘，砂体厚度越大，储层物性相对越好。

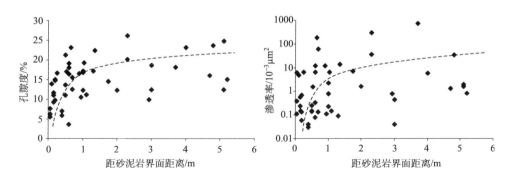

图 4.8　东营凹陷滨浅湖环境薄互层砂体储层储集物性与距砂泥岩界面距离的关系

断块内，滨浅湖环境薄互层砂体储层储集物性与距离油源断层的距离具有非常明显的相关关系。滨浅湖环境薄层砂储层孔隙度、渗透率、有效孔隙度和有效渗透率均具有随着距油源断层距离增加而逐渐降低的特征，表明断块下部储层物性好于断块上部（图 4.9）。

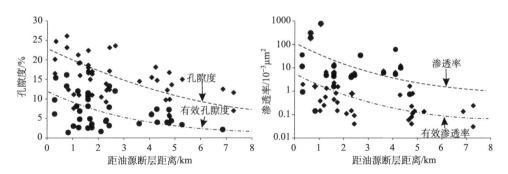

图 4.9　东营凹陷滨浅湖环境薄互层砂体储层储集物性与距油源断层距离的关系

第二节　薄互层砂体储层储集空间特征

一、漫湖环境薄互层砂体储层储集空间特征

通过对东营凹陷孔一段—沙四段漫湖环境薄互层砂体储层铸体薄片分析表明，薄互层砂体储层储集空间主要包括孔隙和裂缝。根据铸体薄片镜下特征，可将孔隙分为原生粒间孔隙和溶解次生孔隙，裂缝主要包括构造裂缝和成岩裂缝。

原生孔隙是指沉积物原始沉积时形成并保存至今的粒间孔隙，为漫湖环境薄互层砂体储层中浅层（埋深小于 3000m）主要的储集空间类型，含量一般大于 50%，常多被溶解作用改造形成粒间溶扩孔隙（图 4.10A）。随着埋藏深度的增加，压实作用的增强，储层原生粒间孔隙含量逐渐降低。

次生孔隙是指岩石在埋藏过程中发生各种成岩作用（如溶解作用、矿物沉淀、重结晶作用等）所形成的储集空间。溶蚀作用形成的次生孔隙是漫湖环境薄互层砂体储层中重要的储集空间类型，含量随着埋藏深度的变化而变化，在中浅层（埋深小于 3000m）次生孔隙含量一般小于 50%，而在大于 3000m 的深层，次生孔隙含量一般大于 50%，含量可达 80%左右。红层储层中溶蚀孔隙类型多样，其中含量最高的为长石溶蚀孔隙，其含量一般占次生孔隙含量的 60%以上，甚至高达 90%。铸体薄片中长石常被溶蚀呈港湾状、蚕食边状、蜂窝状或残余状，形成部分溶解孔隙、粒内孔隙、残余孔隙和铸模孔隙（图 4.10B、C、G）；含量次之的为石英溶解孔隙，其在次生孔隙中的含量一般小于 30%，铸体薄片中常表现为石英颗粒或石英次生加大边被溶蚀成港湾状或蚕食边状（图 4.10D），为碱性成岩作用下的产物；漫湖环境薄互层砂体储层中碳酸盐溶蚀孔隙含量占次生孔隙总量的比例较小，一般低于 20%，主要表现为白云石溶解（图 4.10E）。另外，在局部地区漫湖环境薄互层砂体储层中可见到碎屑颗粒和填隙物一起被溶蚀而形成的超大孔隙（图 4.10F）。

漫湖环境薄互层砂体储层中主要发育构造裂缝、贴粒缝、压实裂缝以及成岩收缩缝。构造裂缝以高角度裂缝为主，一般延伸较长，常出现沿缝溶解现象（图 4.10H），主要发育在断裂活动较强或构造抬升强烈的地区，分布一般较为局限，如断裂活动较强的高青地区和构造抬升较强的纯化-陈官庄地区。贴粒缝是成岩过程中孔隙水沿碎屑颗粒与胶结物间的微孔隙流动，将紧邻碎屑颗粒的胶结物溶去而形成的呈叶片状或透镜状且与碎屑颗粒边缘平行的储层储集空间（图 4.10I）。压实裂缝指脆性颗粒在上覆地层压力或构造应力作用下破碎而形成的裂缝，多切穿颗粒，形态多为一端宽一端窄的"V"字形，裂缝面较规则，如高 41 井 1075.35m 处发育的石英压裂缝，另外也可见到脆性颗粒错断而形成的裂缝，如梁 902 井 2532.45m 处长石颗粒错断而形成的裂缝。成岩收缩缝是指储层在成岩脱水或重结晶作用过程中，碎屑颗粒、基质或胶结物等收缩而形成的顺层分布、延伸不远，且绕刚性颗粒而过的裂缝。红层储层中常见方解石胶结物在成岩过程中收缩而形成的成岩收缩缝。

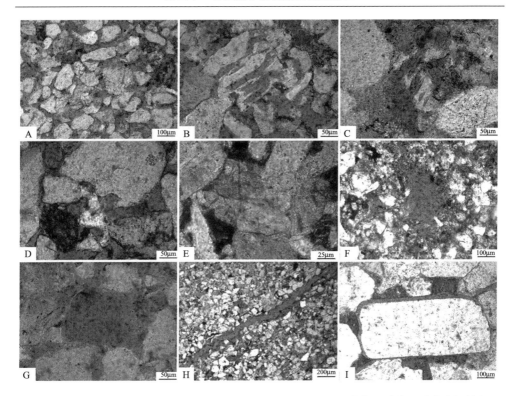

图4.10 东营凹陷南坡古近系孔一段—沙四下亚段漫湖环境薄砂体储层储集空间特征

A. W66井,1870.3m,原生粒间孔隙(−);B. W130井,2081.4m,长石溶解孔隙(−);C. L902井,2532.45m, 长石溶解孔隙(−);D. Guan113井,2494.49m,石英及石英次生加大边溶解孔隙(−);E. Guan4井,2749.7m, 白云石溶解孔隙(−);F. BX703井,1868.3m超大孔隙(−);G. G58井,1820.23m,长石铸模孔隙(−);H. Guan118 井,3007.7m,构造裂缝(−);I. G41井,1075.35m,贴粒缝(−)

在漫湖环境薄互层砂体储层实测物性分析的基础上,综合利用分布函数法、试油法、测试法和束缚水饱和度法对漫湖环境和滨浅湖环境中发育的薄层砂储层有效储层物性下限进行了计算,有效储层孔隙度下限和有效储层渗透率下限均与埋藏深度具有函数关系,随着深度的增加,下限值逐渐降低(王健等,2011)。孔隙度值和渗透率值均大于相应的下限值的储层为有效储层,孔隙度值或渗透率值小于相应的下限值的储层为非有效储层,由此可见,无论何种类型的薄互层砂体储层,不同埋藏深度范围内均发育有效储层和非有效储层(图4.1A)。

孔隙度值高于有效储层孔隙度下限的储层称为高孔隙度储层,孔隙度低于有效储层孔隙度下限的储层称为低孔隙度储层。由图4.11可以看出,浅层高孔隙度储层以原生孔隙为主,长石溶解孔隙较为发育,压实弱-中等,胶结弱,低孔隙度储层压实弱-中等,胶结致密,主要发育少量原生孔隙和构造裂缝;

中深层高孔隙度储层以次生孔隙为主，主要为长石和石英溶解孔隙，可见少量原生孔隙，压实强烈，胶结中等-强，低孔隙度储层压实强烈，胶结致密，主要发育少量溶蚀孔隙。

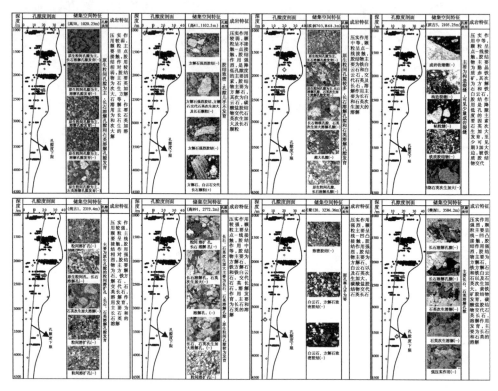

图 4.11　东营凹陷南坡古近系孔一段—沙四下亚段漫湖环境薄砂体储层储集空间垂向分布特征

漫湖环境薄互层砂体储层中高孔隙度储层和低孔隙度储层物性特征与储层含油性具有明显的对应特征。高孔隙度储层一般为油层或油水同层，包括少量水层，次生孔隙含量一般小于 50%，深层次生孔隙含量大于 50%，发育次生孔隙发育带，而低孔隙度储层一般为干层和水层，次生孔隙含量一般大于 50%，由此表明，油气充注对储层物性及储集空间类型具有十分重要的影响，充注油气的储层，油气抑制了储层成岩作用的进行，使得储层次生孔隙含量较低，但油气储层有效保护了原生粒间孔隙，储层物性好；未充注油气的储层成岩作用进行较为彻底，压实或胶结作用强烈，储层原生孔隙含量被大量消耗，使得次生孔隙含量较高，但储层物性差（图 4.12）。

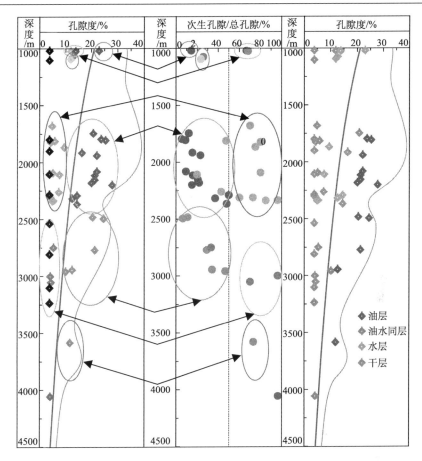

图4.12 东营凹陷南坡古近系孔一段—沙四下亚段漫湖环境薄砂体储层薄片物性及含油性特征

二、滨浅湖环境薄互层砂体储层储集空间特征

通过岩石铸体薄片分析，东营凹陷南坡滨浅湖环境滩坝砂岩储层储集空间主要存在以下几种类型：原生孔隙、混合孔隙、次生孔隙，以原生孔隙为主。原生孔隙包括压实残余原生粒间孔隙（图4.13A）和胶结残余原生粒间孔隙（图4.13B）。混合孔隙根据孔隙形态分为溶扩孔隙和长条状溶蚀孔隙，前者指原有单个孔隙由于其周围碎屑颗粒部分溶蚀而扩大，颗粒边缘往往形成港湾状、蚕食边状溶蚀边缘，包括粒间溶扩孔隙、超大孔隙等（图4.13C）；后者是指相邻两个或两个以上的孔隙之间喉道同时受到溶蚀，使两个甚至多个粒间孔隙连成长条状孔隙（图4.13D）。次生孔隙包括次生组分内溶孔和其他次生成因孔缝，前者指明显发生在颗粒或者胶结物组分内部的溶蚀孔隙，包括石英、长石、岩屑颗粒内溶孔和碳酸

盐胶结物内部溶孔（图4.13F），以长石粒内溶孔（图4.13E）为主；后者包括构造微裂缝（图4.13G）、成岩收缩缝、矿物解理缝（图4.13I）以及高岭石晶间孔（图4.13H）等，以构造微裂缝常见。

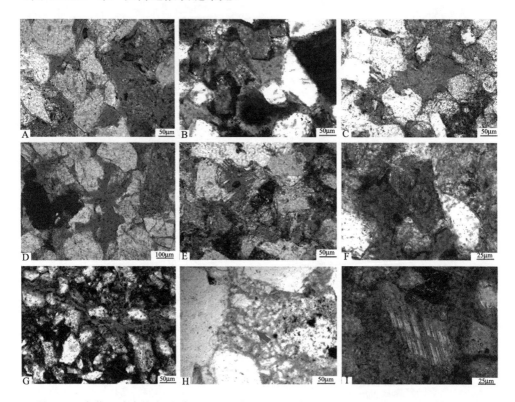

图4.13　东营凹陷南坡古近系孔一段—沙四下亚段滨浅湖环境薄砂体储层储集空间特征

A. B170井，1816.25m，压实残余原生孔隙（−）；B. C15井，2289.31m，方解石胶结残余原生孔隙（−）；C. BX189井，1681.1m，超大孔隙（−）；D. WX583井，3482.1m，长条状溶蚀孔隙（−）；E. L230井，2643.2m，长石颗粒内溶孔（−）；F. BX189井，1681.1m，铁方解石内部溶孔（−）；G. 高89井，2995.65m，微裂缝（−）；H. Lai109井，2737.4m，高岭石晶间孔（−）；I. B170井，1816.25m，长石解理缝（−）

在总结滩坝砂岩储层储集空间特征的基础上，收集并统计研究区滩坝砂岩储层实测孔隙度-深度数据，结合东营凹陷南坡沙四上滩坝砂岩储层孔隙度下限研究（操应长，2009b），绘制对应的深度-孔隙度物性剖面（图4.14）。结合镜下铸体薄片储集空间微观分析，对位于孔隙度下限以上的高孔隙度储层储集空间特征进行总结，研究表明高孔隙度储层储集空间分布组合在纵向上具有分段性：

在1000~2000m深度范围内，高孔隙度储层以良好保存的原生孔隙为主，次生孔隙和混合孔隙少见。在2000~3100m深度范围内，高孔隙度储层以原生孔隙、混合孔隙、次生孔隙的组合为典型特征。原生孔隙中胶结残余原生粒间孔隙的比例增大；混合孔隙中长条状溶蚀孔隙和溶扩孔隙均较常见，长条状溶蚀孔隙一定程度上起到联通储集空间的作用；次生孔隙含量增加。在3100~3600m深度范围内，高孔隙度储层以原生孔隙、次生孔隙的组合为典型特征，原生孔隙多为压实残余原生粒间孔，次生孔隙多为长石粒内溶孔、裂缝等。

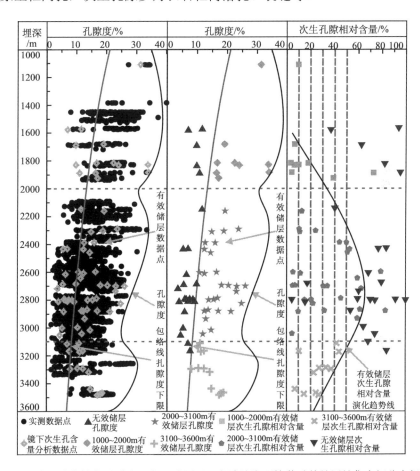

图4.14　东营凹陷南坡古近系孔一段—沙四下亚段滨浅湖环境薄砂体储层储集空间分布组合特征

第三节　薄互层砂体储层孔喉结构特征

一、孔喉结构参数特征

储层压汞曲线形态反映了储层微观孔喉结构特征，是孔喉结构特征的最直观的表征，排驱压力 Pd 反映了储层最大孔喉半径特征，毛管压力中值 Pc_{50} 反映了储层孔喉大小的分布趋势。在综合分析压汞曲线形态、排驱压力 Pd 和毛管压力中值 Pc_{50} 的基础上，结合对分选系数、歪度、最大进汞饱和度、退汞效率等特征参数的分析，将东营凹陷缓坡带孔一段—沙四段薄互层砂体储层孔喉结构划分为四种类型。

Ⅰ类孔喉结构储层排驱压力 Pd 小于 0.2MPa，毛管中值压力 Pc_{50} 小于 1MPa（图 4.15），压汞毛管曲线平台区宽缓，分选好，孔隙喉道分布均匀，粗歪度，喉道粗，孔隙大，退汞效率高，孔喉连通性好（图 4.16）；Ⅱ类孔喉结构储层排驱压力 Pd 一般为 0.2~1MPa，毛管中值压力 Pc_{50} 一般为 1~10MPa（图 4.15），压汞毛管曲线平台区较宽，分选中等，孔隙喉道分布较均匀，较粗歪度，喉道较粗，孔隙较大，退汞效率中等，孔喉连通性较好（图 4.16）；Ⅲ类孔喉结构储层排驱压力 Pd 一般为 1~5MPa，毛管中值压力 Pc_{50} 一般为 10~40MPa（图 4.15），压汞毛管曲线平台区较窄，分选较差，孔隙喉道分布不均匀，细歪度，喉道较细，孔隙较小，退汞效率低，孔喉连通性较差（图 4.16）；Ⅳ类孔喉结构储层排驱压力 Pd 一般大于 5MPa，毛管中值压力 Pc_{50} 一般大于 40MPa（图 4.15），压汞毛管曲线几乎不存在平台区，分选很差，孔隙喉道分布极不均匀，细歪度，喉道很细，孔隙很小，退汞效率低，孔喉连通性很差（图 4.16）。

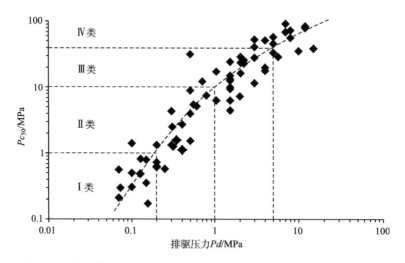

图 4.15　东营凹陷缓坡带薄互层砂体储层不同类型孔喉结构排驱压力 Pd 和毛管压力中值 Pc_{50} 特征

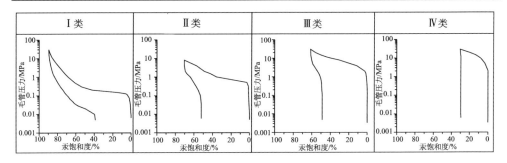

图 4.16　东营凹陷缓坡带薄互层砂体储层不同孔喉结构压汞曲线特征

不同类型孔喉结构参数如表 4.3 所示，随着孔喉结构由 I 类向 IV 类转变，储层孔隙度、渗透率、储层品质指数 RQI、最大孔喉半径和孔喉半径平均值均呈现出由好变差的特征，尤其是储层渗透率，随着孔喉结构变差，其呈现出数量级递减特征。储层品质指数 RQI 是储层渗透率与孔隙度比值的平方根，它随着储层孔喉结构的曲折度的增大或毛管半径的减小而逐渐减小，这一参数揭示了储层微观孔喉结构与宏观储集物性之间的内在联系，可作为评价储层孔喉结构的宏观参数（Gunter et al., 1997；马旭鹏等，2010）。

表 4.3　东营凹陷薄互层砂体储层孔喉结构类型及特征参数

孔喉结构类型及参数		I 类	II 类	III 类	IV 类
孔隙度/%	最小	17.7	8.8	8.3	5.1
	最大	27	22.8	24.6	9.9
	平均	22	16.3	11.7	7.4
渗透率/$10^{-3}\mu m^2$	最小	9.4	0.21	0.025	0.0015
	最大	895	84.1	1.22	0.072
	平均	118.8	11	0.19	0.026
RQI	最小	0.66	0.15	0.05	0.01
	最大	5.82	1.92	0.31	0.06
	平均	1.82	0.63	0.11	0.09
最大孔喉半径/μm	最小	3.4	1.4	0.34	0.049
	最大	22	5.8	1.48	0.48
	平均	7.2	3	0.56	0.22
孔喉半径平均值/μm	最小	1.2	0.24	0.06	0.03
	最大	9	2.21	0.37	0.14
	平均	2.7	0.9	0.15	0.06
样品数		19	35	33	11

Ⅰ型孔隙度在20%~25%，渗透率大于$10×10^{-3}\mu m^2$，喉道半径中值在0.7~1.6μm，孔喉半径平均值大于1.0μm，主要集中在1.2~3.4μm（图4.17），属粗喉道，排驱压力小于0.2Mpa，退汞效率大于50%，压汞毛管曲线对应于Ⅰ类。Ⅱ型孔隙度在10%~20%，渗透率为$0.2×10^{-3}~5×10^{-3}\mu m^2$，喉道半径中值在0.1~0.6μm，孔喉半径平均值在0.2~3.0μm，主要集中分布在，0.2~1.5μm（图4.17），为中等喉道，排驱压力在0.2~0.5 Mpa，退汞效率在25%~50%，压汞毛管曲线对应于Ⅱ类。Ⅲ型孔隙度在 5%~15%，渗透率为 $0.08×10^{-3}~0.2×10^{-3}\mu m^2$，喉道半径中值在0.02~0.08μm，孔喉半径平均值在0.07~1.0μm，主要集中 0.07~0.5μm（图4.17），属中细喉道，排驱压力在1.5~2.2 Mpa，退汞效率在15%~40%，压汞毛管曲线对应于Ⅲ类。Ⅳ型孔隙度小于9%，渗透率小于 $0.03×10^{-3}\mu m^2$，喉道半径中值小于0.02μm，孔喉半径平均值一般小于0.5μm，主要集中分布在小于0.2μm 范围内（图4.17），为特细喉道，排驱压力大于10 Mpa，退汞效率小于25%，压汞毛细管曲线对应于Ⅳ类。

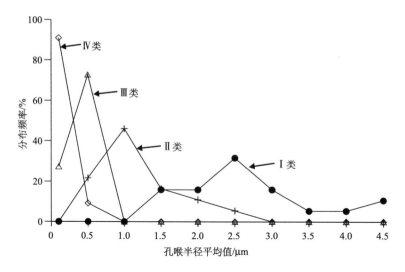

图4.17 东营凹陷缓坡带薄互层砂体储层孔喉半径平均值分布特征

二、孔喉结构分布特征

砂泥岩互层剖面中，薄互层砂体储层最大孔喉半径和孔喉半径平均值均随着距离砂泥岩界面距离的增加而逐渐增大，表明砂体中部孔喉半径明显大于砂体边缘（图4.18A、B）。随着距砂泥岩界面距离的增加，储层孔喉结构类型逐渐由Ⅳ类变为Ⅰ类，由此可见，厚层砂体中部孔喉结构明显好于砂体边缘（图4.18）。

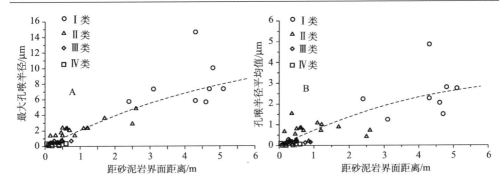

图 4.18 东营凹陷缓坡带薄互层砂体储层孔喉半径与距砂泥岩界面距离的关系

滨浅湖滩坝沉积可划分为坝亚相和滩亚相,其中坝亚相可分为坝主体和坝侧缘微相,滩亚相可分为滩脊和滩席微相,滩坝砂岩沉积微相类型对储层孔喉结构类型具有明显的影响。坝主体微相储层孔喉结构以Ⅰ型和Ⅱ型为主,两者的含量分别为 47.1%和 41.2%,Ⅲ型孔喉含量较少,其含量为 11.8%,不存在Ⅳ型;滩脊微相储层孔喉结构以Ⅱ型为主,含量为 55.2%,Ⅲ型次之,含量为 27.6%,Ⅰ型和Ⅳ型相对较少,含量分别为 10.3%和 6.9%;坝侧缘和滩席微相储层孔喉结构均不存在Ⅰ型,并且均以Ⅲ型为主,含量分别为 57.1%和 60.7%,所不同的是,坝侧缘微相储层Ⅱ型含量高于Ⅳ型,含量分别为 28.6%和 14.3%,而滩席微相储层中Ⅱ型含量低于Ⅳ型,含量分别为 10.7%和 28.6%(图 4.19)。

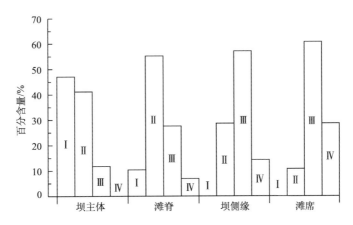

图 4.19 东营凹陷缓坡带滨浅湖薄互层滩坝砂岩沉积微相与储层孔喉结构类型分布关系图

根据镜质体反射率(R^o)、包裹体测温、黏土矿物混层比、古地温等划分标志分析,对东营凹陷滩坝砂岩的成岩阶段进行了划分。埋深浅于 1700m 的深度范围,岩石基本上处于早成岩 A 期,岩石以原生孔隙为主,成岩作用主要为机械压实作用和少量的早期方解石胶结作用。当砂岩埋深界于 1700~2700m 时,岩石进入早成岩 B 期，孔隙出现原生-次生混合型，但以原生为主。成岩作用有石英次生加大、碳酸盐沉淀等胶结作用，也有溶蚀作用，如长石溶蚀。当砂岩埋深达 2700~3500m 时，岩石处于中成岩 A1 亚期，孔隙以次生为主，此时溶蚀作用成为主要的成岩作用，还有石英次生加大、伊利石绿泥石胶结作用。

对滩坝砂体同一沉积微相而言（例如坝主体微相和滩脊微相），成岩作用对储层的孔喉结构特征影响尤为明显。在早成岩 A 期和早成岩 B 期的早中期，成岩作用以压实作用和早期胶结作用为主，随着埋藏深度的增加，压实作用和胶结作用增强，滩坝砂岩的最大孔喉半径和孔隙度、渗透率逐渐降低，储层孔喉结构逐渐由Ⅰ型变为Ⅱ型（图 4.20 和图 4.21）；在早成岩 B 期的晚期和中成岩 A1 期，成岩作用以溶解作用、胶结作用和压实作用为主，由于溶解作用的发生，使得储层质量得到极大改善，最大孔喉半径和孔隙度、渗透率明显增大，储层孔喉结构以Ⅰ型为主，随着埋藏深度的增加，压实作用逐渐增强，最大孔喉半径和孔隙度、渗透率逐渐降低，储层孔喉结构逐渐变为以Ⅱ型为主和以Ⅲ型和Ⅳ型为主（图 4.20 和图 4.21）。

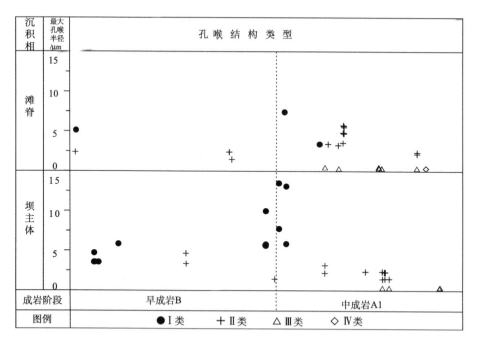

图 4.20　东营凹陷缓坡带滨浅湖滩坝砂岩沉积微相、成岩阶段与储层孔喉结构类型分布关系图

研究表明薄互层砂体储层的孔喉结构分布与物性下限具有明显的相关性。由图 4.21 可以看出，滩坝砂岩的Ⅰ型、Ⅱ型和Ⅲ型孔喉结构储层的孔隙度一般都大于有效孔隙度下限，而大多数的Ⅳ型孔喉结构的储层的孔隙度小于有效孔隙度下

限；全部的Ⅰ型和大部分的Ⅱ型孔喉结构的储层渗透率大于有效渗透率下限，而几乎所有的Ⅲ型和Ⅳ型孔喉结构的储层渗透率小于有效渗透率下限。由此可见，孔喉结构特征对储层有效渗透率下限的影响程度强于对储层有效孔隙度的影响程度，这是因为储层的孔喉配位数和喉道类型及喉道连通性控制了流体在储层中的渗流能力。

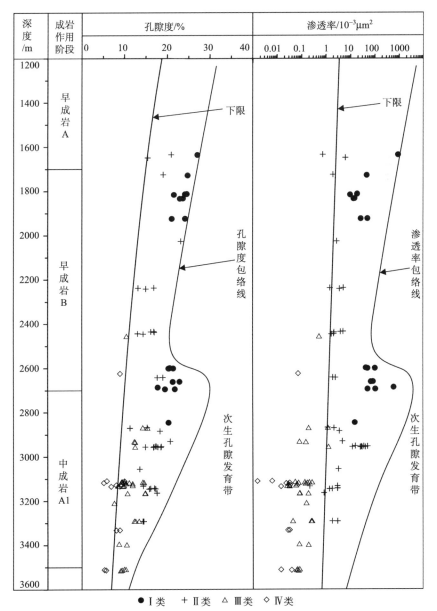

图 4.21　东营凹陷缓坡带滨浅湖滩坝砂岩储层孔喉结构与物性下限关系

第五章 薄互层砂体储层的成岩作用特征

第一节 压实作用

由于东营凹陷缓坡带孔一段—沙四段薄互层砂体储层埋藏深度范围跨度大，压实作用在不同的深度范围内存在明显的差异。碎屑岩储层中，压实作用一般通过碎屑颗粒的接触关系和塑性颗粒的变形来体现。在埋藏深度小于 2500m 的中浅层储层中，碎屑颗粒一般呈点接触或线接触（图 5.1A、B），而在博兴洼陷 Fs1

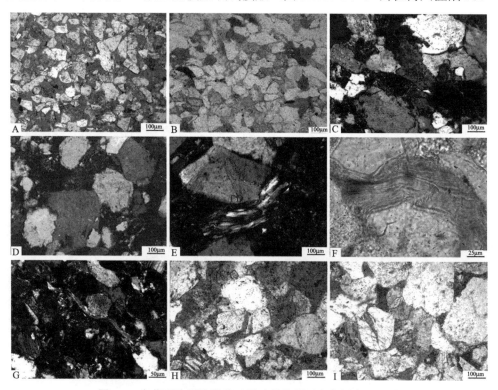

图 5.1 东营凹陷缓坡带薄互层砂体储层压实作用表现形式

A. W66 井，2200.3m，颗粒点接触（−），Es_4x^x；B. G890 井，2596.8m，颗粒线接触（−），Es_4s；C. Fs1 井，4056.7m，颗粒凹凸接触（+），Ek_1；D. Wx583 井，3482.1m，颗粒凹凸接触（+），Es_4s；E. W66 井，2537.6m，塑性岩屑变形（+），Ek_1；F. F119 井，3292.55m，云母压实变形（−），Es_4s；G. F134 井，2868.8m，云母压实变形（−），Es_4s；H. L902 井，2532.45m，长石压实错断（−），Es_4x^s；I. G41 井，1075.35m，石英颗粒压裂缝（−），Ek_1

井、G94 井和牛庄洼陷 Wx583 井等井区埋藏深度在 3500m 左右或更深的储层中，碎屑颗粒一般表现为线接触、凹凸接触，甚至可见缝合接触（图 5.1C、D）。随着埋藏深度的增加，储层碎屑颗粒接触关系表现为点接触→线接触→凹凸接触→缝合接触的转变过程。总体而言，东营凹陷缓坡带孔一段—沙四段薄互层砂体储层压实作用中等偏强，常见特征主要有：①塑性颗粒如泥岩岩屑、云母等在压实作用下发生塑性变形（图 5.1E、F、G）；②长石、石英等刚性颗粒在压实作用下发生破碎、断裂，特别在构造应力作用下，颗粒中发育多条不规则裂缝，裂缝一般横切颗粒（图 5.1H、I）；③颗粒支撑的砂岩中颗粒多呈线接触、凹凸接触（图 5.1C、D）。

漫湖环境薄互层砂体储层视压实率一般小于 60%，埋藏深度大于 3500m 的储层视压实率大于 60%，随着埋藏深度的增加，视压实率缓慢增加（图 5.2）；滨浅湖环境薄互层砂体储层视压实率一般小于 50%，随着埋藏深度的增加，视压实率呈现出明显增加的特征（图 5.2）。因此，漫湖环境薄互层砂体储层压实作用总体强于滨浅湖环境薄互层砂体储层，且其压实作用对深度的响应程度不如滨浅湖环境储层明显。

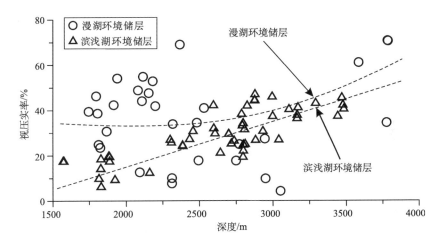

图 5.2　东营凹陷缓坡带薄互层砂体储层视压实率与深度关系

漫湖环境薄互层砂体压实减孔量一般为 0.51%~23.03%，平均为 11.87%；滨浅湖环境薄互层砂体压实减孔量一般为 3.8%~19%，平均为 11.2%。薄互层砂体成岩作用差异性的影响，无论是漫湖环境薄互层砂体还是滨浅湖环境薄互层砂体，压实减孔量均由砂体边缘向砂体内部逐渐增加（图 5.3）。

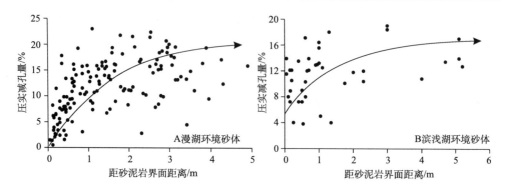

图 5.3 东营凹陷缓坡带薄互层单砂体内储层压实减孔量分布特征

第二节 胶 结 作 用

东营凹陷缓坡带孔一段—沙四段薄互层砂体储层中胶结作用类型多样，主要发育有碳酸盐、硫酸盐、硅质、铁质和黏土矿物等类型的胶结物。

1. 碳酸盐胶结作用

碳酸盐胶结物是薄互层砂体储层中主要的胶结物类型，含量一般为0.5%~38%，平均为10.1%。碳酸盐胶结物在储层中常呈基底式或孔隙式产出，充填原生或次生孔隙，主要包括方解石、白云石、铁方解石和铁白云石（图5.4和图5.5）。储层中方解石是最为常见的碳酸盐胶结物，含量一般为0.5%~34%，平均含量为7.2%，不同深度范围内均有发育，随着埋藏深度的增加具有逐渐减少的趋势（图5.5）。铁方解石胶结物含量一般为0.5%~28%，平均含量为6%，滨浅湖环境薄互层砂体储层中铁方解石含量稍高于漫湖环境薄互层砂体储层（图5.5）。白云石含量一般分布在0.5%~32%，平均含量为6.4%，滨浅湖环境薄互层砂体储层中白云石含量明显高于漫湖环境薄互层砂体储层（图5.5）。铁白云石含量一般为0.5%~35%，平均含量为7%，随着埋藏深度的增加具有逐渐增加的趋势，滨浅湖环境薄互层砂体储层中铁白云石含量明显高于漫湖环境薄互层砂体储层（图5.5）。总体而言，漫湖环境薄互层砂体储层中方解石含量较高，而滨浅湖环境薄互层砂体储层中白云石和铁白云石含量明显增高。

东营凹陷缓坡带薄互层砂体沉积呈典型的砂泥岩互层特征，受互层泥岩成岩作用的影响，薄互层砂体储层中胶结作用和胶结物含量具有明显的差异分布特征，进而控制了储层物性分布特征（钟大康等，2004；孙海涛等，2010）。无论是漫湖环境储层还是滨浅湖环境储层，砂岩中胶结物含量和视胶结率由砂体边缘向砂

第五章 薄互层砂体储层的成岩作用特征

图 5.4 东营凹陷缓坡带薄互层砂体储层碳酸盐胶结物类型及特征

A. W130 井，1900.35m，基底式方解石胶结（−），Ek_1；B. Guan118 井，3007.7m，铁方解石环绕方解石（−），Es_4x^s；C. L109 井，3318.55m，白云石胶结（+），Es_4s；D. W58 井，3020.55m，铁白云石胶结（−），Es_4s

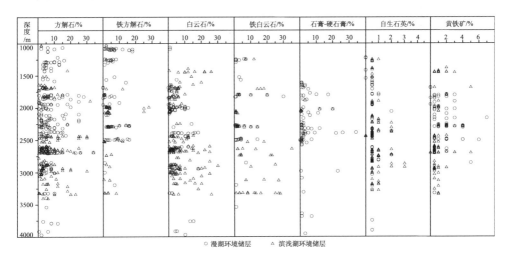

图 5.5 东营凹陷缓坡带薄互层砂体储层胶结物类型及含量

体中心均呈现明显的降低特征,并且在砂体边缘约 1m 范围内,胶结物含量和视胶结率迅速降低,大于 1m 的范围内,胶结物含量和视胶结率呈缓慢降低且趋于稳定的特征(图 5.6A、B)。砂泥岩互层剖面在埋藏过程中是一个统一的地质整体,互层泥岩在成岩过程中向邻近砂岩释放出大量的原生沉积水和高岭石、蒙脱石向伊利石、绿泥石转化时脱出的吸附水和层间水,这些流体中富含 Ca^{2+}、Na^+、Fe^{2+}、Mg^{2+}、Si^{4+} 等金属阳离子(隋风贵等,2007),在砂体边缘引起了强烈的碳酸盐和硫酸盐胶结作用。泥岩成岩演化流体向邻近砂岩排放过程中,由于胶结作用的发生,使得金属阳离子浓度迅速降低,从而使砂岩中的胶结作用减弱。砂体

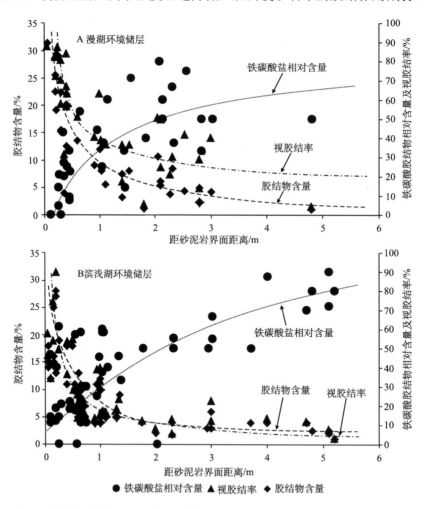

图 5.6 东营凹陷缓坡带薄互层砂体储层胶结物含量、铁碳酸盐相对含量及视胶结率与距砂泥岩界面距离关系

边缘一般发育基底式方解石胶结作用，储层孔隙度低，并且孔隙度由砂体边缘向砂体内部逐渐增大（图 4.4、图 4.8 和图 5.7A、B），而在砂体中部胶结物含量较少，且多发育铁碳酸盐胶结物，储层孔隙度较高，且较为稳定（图 5.7C、D）。受差异胶结作用的影响，薄互层砂体储层边缘常发育一定厚度的胶结壳，胶结壳内储层孔隙度非常低，且由边缘向内部呈现为逐渐增大的特征（图 5.7）。厚层砂体中部胶结作用较弱，储层保存了大量的原生孔隙，具有较高的孔隙度，有利于后期流体的进入对储层进行改造，因此，晚期形成的铁碳酸盐胶结物相对含量由砂体边缘向砂体中部呈现出逐渐增加的趋势（图 5.6A、B）。在砂体尖灭带等厚度较小地区，受胶结作用的影响不发育孔隙度稳定带，甚至为致密胶结。

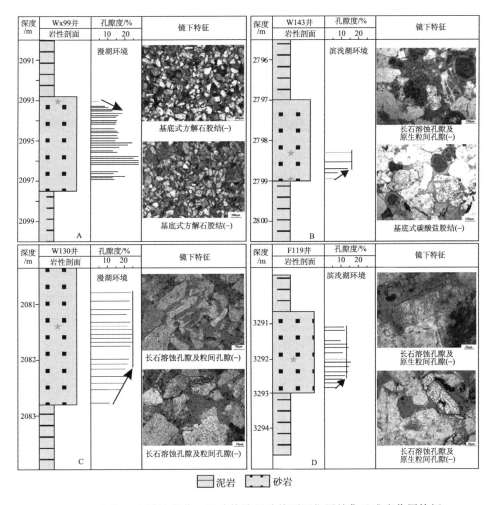

图 5.7　东营凹陷缓坡带薄互层砂体储层砂体不同位置储集及成岩作用特征

2. 硫酸盐胶结作用

硫酸盐胶结物主要分布在漫湖环境的薄互层砂体储层中，主要表现为基底式或孔隙式胶结的石膏和硬石膏充填原生或次生孔隙（图5.8）。石膏和硬石膏胶结物分布相对较为局限，主要分布在缓坡带靠近洼陷带一侧的Guan4井、Guan12井和L120井等井区。石膏和硬石膏胶结物含量一般为0.5%~34%，平均含量为4.6%，主要分布在漫湖环境薄互层砂体储层中，集中分布在1700~2500m的深度范围内（图5.5）。

图5.8　东营凹陷缓坡带薄互层砂体储层硫酸盐胶结物

A. Guan4井，2749.7m，石膏、硬石膏胶结（+），Es4x^s；B. Guan12井，3321.4m，石膏、硬石膏胶结（+），Es4x^x

3. 硅质胶结作用

硅质胶结是东营凹陷缓坡带薄互层砂体储层中重要的胶结类型，主要以石英自生加大和长石加大的形式出现。石英自生加大相对较为发育，加大边一般较为平直，局部地区甚至可见二次或三次石英加大边（图5.9A、B、C）。自生石英含量一般为0.5%~5%，平均含量为0.79%，滨浅湖环境薄互层砂体储层中自生石英含量稍高于漫湖环境薄互层砂体储层（图5.5）。长石加大发育程度相对较弱，仅在滨浅湖环境薄互层砂体储层中少量发育，正交光下，长石加大呈高级白干涉色，与长石颗粒呈90°交替消光特征（图5.9D）。长石加大一般形成于富钾的碱性环境中。

4. 铁质胶结作用

薄互层砂体储层中铁质胶结物主要为隐晶质赤铁矿和黄铁矿，隐晶质赤铁矿主要发育与漫湖环境薄互层砂体储层中，显微镜下呈褐红色，透光性较差，是导致漫湖环境储层呈红色的主要原因（图5.10A）。黄铁矿在薄互层砂体储层中较为常见，主要呈莓球状或片状（图5.10B、C），前者形成时间相对较早，后者形成时间晚，结晶程度高，反射光下呈亮黄色金属光泽（图 5.10C）。薄互层砂体储层中黄铁矿含量一般为 0.5%~7%，平均含量为 1.3%（图 5.5）。

5. 黏土矿物胶结作用

薄互层砂体储层中常可见到少量自生黏土矿物胶结物，扫描电镜和高倍显微镜观察表明，黏土矿物（包括黏土杂基和自生黏土矿物）含量一般为 3%~20%，平均为 9.4%。X-ray 衍射和扫描电镜分析表明，滩坝砂岩储层中黏土矿物主要包括高岭石（图 5.11A）、伊利石（图 5.11B、D）、绿泥石（图 5.11C）和伊蒙混层（图 5.11E、F）。高岭石以结晶程度较好的假六边形片状晶体为特征，并且常组合成蠕虫状或书页状充填于粒间孔隙或长石溶蚀孔隙之中（图 5.11A），相对含量一般分布在 1%~79%，平均为 27.1%。伊利石一般呈叶片状分布于储层孔隙之中（图 5.11B、D），相对含量一般为 7%~71%，平均为 34.9%。伊蒙混层一般呈片状，作为胶结物充填于孔隙之中（图 5.11E、F），相对含量一般为 4%~49%，平均为 25.6%。绿泥石一般分布呈薄膜状分布在碎屑颗粒表面（图 5.11C），相对含量一般为 1%~52%，平均为 11.5%。

图 5.9 东营凹陷缓坡带薄互层砂体储层硅质胶结类型及特征

A. Fs1 井，3584.2m，石英加大边（−），Ek_1；B. W580 井，3170.65m，石英加大边（+），Es_4s；C. G890 井，2598.2m，白云石胶结（−），Es_4s；D. Wx583 井，3467.75m，长石加大边（+），Es_4s

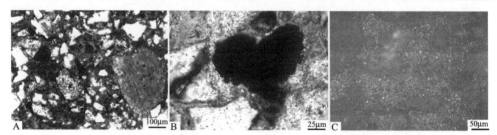

图 5.10 东营凹陷缓坡带薄互层砂体储层铁质胶结物类型及特征

A. Bg5 井，2105.25m，隐晶质赤铁矿（–），Ek_1；B. Guan111 井，2115.7m，莓球状黄铁矿（–），Es_4x^x；C. Guan113 井，2494.49m，反射光下黄铁矿呈黄色金属光泽（–f），Es_4x^s

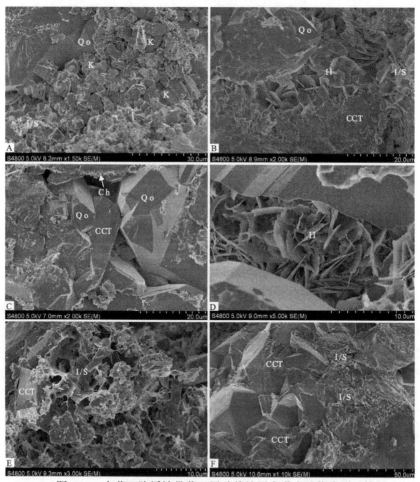

图 5.11 东营凹陷缓坡带薄互层砂体储层中黏土矿物类型及特征

A. G890 井，2599.2m，石英加大边、自生高岭石和伊蒙混层充填原生粒间孔隙；B. F151-1 井，2701m，碳酸盐胶结物、石英加大边、自生伊利石和伊蒙混层充填原生粒间孔隙；C. F151-1 井，2685.5m，碳酸盐胶结物、石英加大边和自生高岭石环边；D. G890 井，2599.2m，自生伊利石充填粒间孔隙；E. G890 井，2596.7m，碳酸盐胶结物和伊蒙混层充填粒间孔隙；F. G351 井，2464.79m，碳酸盐胶结物和伊蒙混层充填粒间孔隙。Q_o. 石英加大；K. 高岭石；I/S. 伊/蒙混层；CCT. 碳酸盐胶结构；Il. 伊利石；Ch. 绿泥石

第三节 溶 解 作 用

铸体薄片观察分析表明,东营凹陷缓坡带薄互层砂体储层溶解作用类型多样,主要表现为长石、岩屑、石英和碳酸盐胶结物溶解形成溶蚀孔隙(图 4.10 和图 4.13),表现为酸性和碱性溶解作用并存的特征。如前所述,薄互层砂体储层中长石溶蚀孔隙含量明显高于碳酸盐胶结物溶蚀孔隙含量和石英溶蚀孔隙含量,表明储层中溶解作用以长石溶解作用为主。长石和碳酸盐胶结物溶解作用一般发生于酸性环境中,盆地埋藏过程中烃源岩热演化生成的有机酸为其提供了物质条件(Surdam et al., 1989)。研究表明,有机酸提供 H^+ 的能力是碳酸的 6~350 倍,与碳酸相比,有机酸与硅铝酸盐反应的热驱动性能更强,有机酸阴离子易与 Al^{3+} 离子形成络合离子的性能能够促进长石在有机酸中的溶解(Crosscy et al., 1984),长石与有机酸反应的吉布斯自由能明显低于长石与碳酸反应(Surdam et al., 1989; 曾溅辉, 2001)。薄互层砂体储层中长石溶蚀孔隙含量是碳酸盐胶结物溶蚀孔隙含量的 2~24 倍,反映了有机酸溶蚀特征。石英溶蚀孔隙相对含量可达 40%(图 5.12 和图 5.13),为薄互层砂体储层中重要的碱性成岩环境下形成的溶蚀孔隙(Qiu et al., 2002; 周瑶琪等, 2011)。

统计薄互层砂体储层中不同类型溶蚀孔隙含量表明,漫湖环境和滨浅湖环境薄互层砂体储层溶蚀孔隙均以长石溶孔为主,其含量一般大于 50%,石英溶蚀孔隙含量一般小于 40%,漫湖环境薄互层砂体储层碳酸盐胶结物溶蚀孔隙含量一般小于 30%,滨浅湖环境薄互层砂体储层碳酸盐胶结物溶蚀孔隙含量稍高,一般小于 40%(图 5.12 和图 5.13)。薄互层砂体储层溶蚀面孔率一般小于 4%,有效储层中溶蚀孔隙含量较高,溶蚀面孔率一般大于 0.5%,非有效储层溶蚀孔隙含量较低,溶蚀面孔率一般小于 0.5%(图 5.12 和图 5.13)。垂向上,薄互层砂体溶蚀孔隙相对含量具有明显的变化规律。漫湖环境中,埋藏深度小于 2200m 薄互层砂体储层溶蚀孔隙变化较大,有效储层溶蚀孔隙含量一般小于 20%,非有效储层溶蚀孔隙含量一般大于 50%;埋藏深度为 2200~3000m 的储层溶蚀孔隙含量相对较高,有效储层溶蚀孔隙含量一般为 20%~50%,非有效储层溶蚀生孔隙含量一般大于 60%;埋藏深度大于 3000m 的储层主要分布在博兴洼陷,有效储层和非有效储层溶蚀孔隙含量均大于 60%,甚至储集空间全为溶蚀孔隙。随着埋藏深度的增加,溶蚀孔隙含量呈现出逐渐增加的特征,表明储层储集空间中溶蚀孔隙随着埋藏深度的增加逐渐占据主导地位(图 5.12)。滨浅湖环境中,埋藏深度小于 2400m 的薄互层砂体储层中,有效储层溶蚀孔隙含量一般小于 40%,非有效储层溶蚀孔隙含量变化较大,但一般大于 50%;埋藏深度为 2400~3100m 的储层溶蚀孔隙含量变化较大,有效储层溶蚀孔隙含量在 20%~80%,多数小于 50%,部分高于 50%

的储层其储集空间以溶蚀孔隙为主，非有效储层溶蚀孔隙含量一般大于50%；埋藏深度大于3100m的储层中，有效储层溶蚀孔隙含量一般小于50%，非有效储层溶蚀孔隙含量大于50%（图5.13）。

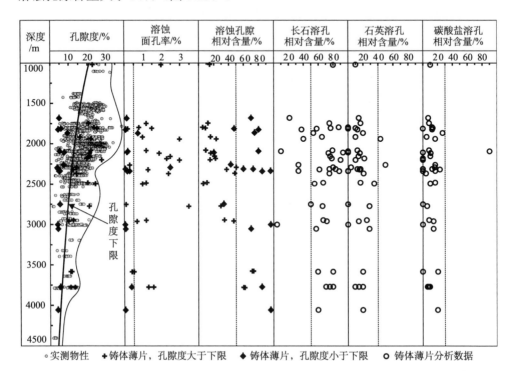

图5.12 东营凹陷缓坡带漫湖环境薄互层砂体储层溶蚀孔隙含量及垂向分布特征

由此可见，薄互层砂体储层中有效储层溶蚀孔隙绝对含量较高，但相对含量一般低于50%，表明有效储层储集空间以原生孔隙为主，溶蚀孔隙较为发育，部分储层溶蚀孔隙含量大于50%，储集空间以溶蚀孔隙为主；非有效储层溶蚀孔隙绝对含量一般较低，但相对含量一般高于50%，表明非有效储层储集空间发育程度低，主要为少量溶蚀孔隙，但却构成了其主要的储集空间。总体而言，随着埋藏深度的增加，溶蚀孔隙在有效储层储集空间中占的比例逐渐增加，这是由于压实、胶结等成岩作用使得储层中原生粒间孔隙含量逐渐降低，另外由于超压保护原生孔隙等因素的影响，虽然滨浅湖环境中深部薄互层砂体储层溶蚀孔隙绝对含量较高，但储集空间仍以原生孔隙为主。

砂泥岩互层剖面中薄互层砂体储层溶蚀作用同样存在明显的差异性。长石和碳酸盐胶结物溶蚀面孔率呈现出随着距砂泥岩界面距离增长而逐渐增加的特征，在砂体边缘，酸性溶蚀面孔率较低，由砂体边缘向砂体中部迅速增加（图5.14A）。

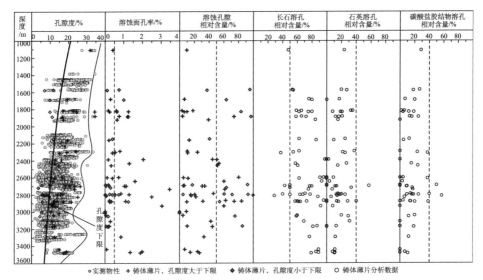

图 5.13 东营凹陷缓坡带滨浅湖环境薄互层砂体储层溶蚀孔隙含量及垂向分布特征

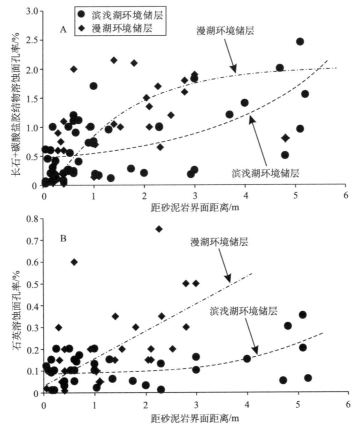

图 5.14 东营凹陷缓坡带薄互层砂体储层溶蚀面孔率与距砂泥岩界面距离的关系

石英溶蚀面孔率与距砂泥岩界面距离之间同样具有明显的正相关关系，所不同的是，漫湖环境薄互层砂体储层中石英溶蚀面孔率随距砂泥岩界面距离增加迅速增加，而滨浅湖环境薄互层砂体储层中变化幅度相对较小（图5.14B）。总体而言，薄互层砂体储层视溶蚀率由砂体边缘向砂体内部逐渐增加，且逐渐趋于稳定（图5.15）。

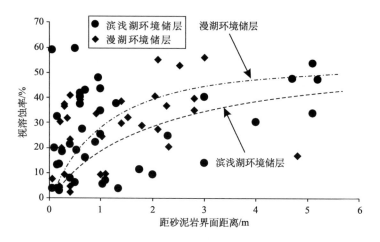

图5.15 东营凹陷缓坡带薄互层砂体储层视溶蚀率与距砂泥岩界面距离的关系

对比分析砂泥岩互层中薄互层砂体储层胶结作用和溶解作用特征表明，薄互层砂体储层中溶解作用受胶结作用影响明显，胶结作用使得砂体边缘储层孔隙度迅速降低，而厚砂体中部则保存了大量的原生粒间孔隙，后期地层流体进入储层后主要集中分布在砂体中部，难以进入或仅有少量流体进入砂体边缘，使得砂体中部溶蚀作用较强，形成了大量的溶蚀孔隙，而砂体边缘则仅发育少量溶蚀孔隙。

第四节 交代作用

薄互层砂体储层中交代作用类型多样，主要表现为碳酸盐矿物对碎屑颗粒及其他胶结物的交代作用，如方解石、白云石交代石英、长石颗粒，铁方解石和铁白云石交代石英加大边及石英颗粒（图5.16A、B、C）；各碳酸盐矿物之间的交代作用，如铁方解石交代方解石、铁白云石交代白云石和方解石等（图5.16D、E、F、G）；石膏、硬石膏对碎屑颗粒及石英加大的交代（图5.16H）；黄铁矿对碎屑颗粒及碳酸盐胶结物的交代等（图5.16I）。交代作用反映了储层成岩自生矿物的形成次序，一般而言，被交代的矿物早于交代矿物的形成时间(张善文等，2008)。值得注意的是，在漫湖环境薄互层砂体储层中，不发育方解石、白云石对石英加大边的交代现象，表明方解石、白云石形成时间相对早于石英加大形成时间。

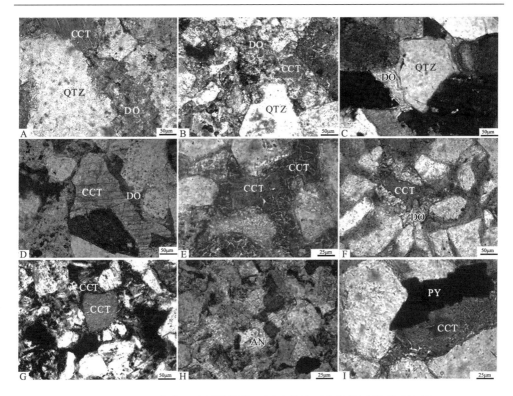

图 5.16　东营凹陷缓坡带薄互层砂体储层交代作用类型及特征

A. Fs1 井，4056.7m，铁白云石交代石英颗粒及加大和方解石（−），Ek_1；B. G891 井，2808.4m，铁白云石交代颗粒、石英加大及方解石（−），Es_4s；C. W143 井，2798.95m，白云石交代石英加大（+），Es_4s；D. Wx583 井，3467.75m，铁白云石交代方解石（−），Es_4s；E. Guan113 井，2483.53m，铁方解石交代方解石（−），Es_4xs；F. W66 井，1807.3m，铁白云石交代方解石（−），Es_4x^s；G. C374 井，2458.05m，铁方解石交代方解石（−），Es_4s；H. Guan12 井，3321.4m，硬石膏交代颗粒及方解石（−），Es_4x^s；I. Guan113 井，2494.49m，黄铁矿交代颗粒及方解石（−），Es_4x^s。QTZ. 石英；CCT. 方解石；DO. 白云石；PY. 黄铁矿

第六章　薄互层砂体储层埋藏成岩环境

埋藏成岩环境是岩石成岩过程中所经历的一切物理、化学条件的综合。不同埋藏成岩环境具有不同的物理化学性质，导致不同的成岩作用发生，成岩环境演化的差异性使得储层经历了不同的成岩改造过程，进而控制了优质储层的发育规律。影响埋藏成岩环境的因素主要包括地层温度、地层压力、地层流体性质、成岩环境的封闭性及构造运动等，其中地层流体作为流体介质直接参与成岩作用，控制了储层中发生的成岩作用类型，而成岩环境的封闭性主要受地层压力影响，控制了储层中成岩产物的分布规律。埋藏成岩环境的各单因素之间是相互影响的统一整体，在碎屑沉积物埋深成岩过程中，由于地层温度、地层压力、地层流体来源及水-岩反应等因素的影响，储层埋藏成岩环境总是在不停地变化着，从而使同一地区的不同时期以及同一时期的不同地区存在着不同的成岩环境，形成了多重的成岩作用特征（叶瑛等，2000；张善文等，2008；周瑶琪等，2011）。

第一节　埋藏成岩环境的矿物地球化学记录

一、埋藏成岩环境的成岩产物记录

1. 碱性环境标志

岩石薄片中观察到的各种成岩现象是成岩流体性质最直接的证据。根据成岩流体的 pH，可将成岩流体分为碱性和酸性，分别形成了碱性成岩环境和酸性成岩环境，不同性质的成岩环境中发生的水-岩反应具有明显的区别，形成了各自特征的成岩产物。

研究表明，石英的溶蚀作用主要发生在 pH 大于 8.5 的碱性流体环境中，当地层流体 pH 在 2~8.5 时，石英的溶度很小且基本保持稳定，当 pH 大于 8.5 时，石英的溶解度快速增加，进而形成大量的石英溶蚀现象（Blatt *et al.*, 1980; Qiu *et al.*, 2002; Robert and Carlos, 2002）。在地层流体 pH 大于 9 的较强的碱性环境中，常发育大量的碳酸盐胶结物和硫酸盐胶结物，有时甚至发育长石加大边（Qiu *et al.*, 2002；周瑶琪等，2011）。因此，可以将石英颗粒及其加大边的溶解、方解石、白云石、铁方解石和铁白云石等碳酸盐矿物的沉淀以及长石加大边等成岩现象作为碱性流体环境的标志。

东营凹陷缓坡带孔一段—沙四段薄互层砂体储层中发育大量的反应碱性流体环境的成岩现象。薄互层砂体储层中石英及其加大边溶蚀现象较为普遍，常可见到石英及其加大边被溶蚀成港湾状或蚕食状（图6.1A）。薄互层砂体储层中碳酸盐胶结物类型多样，既发育早期形成的方解石和白云石，又发育晚期形成的铁方解石和铁白云石，早期形成的方解石常呈基底式或孔隙式胶结（图6.1B），晚期形成的铁方解石和铁白云石常环绕方解石和白云石分布，并对它们进行交代（图6.1B）。漫湖环境薄互层砂体储层中常可见到基底式或孔隙式石膏、硬石膏胶结，并且常见其交代碳酸盐胶结物（图6.1C）。滨浅湖环境薄互层砂体储层中可见少量的长石加大现象，长石加大边常与碳酸盐胶结物共生（图6.1D）。这些成岩现象反映了薄互层砂体储层成岩过程中经历了较强的碱性流体环境，多期次的碳酸盐胶结物暗示了储层可能经历多期碱性流体环境。

图6.1 东营凹陷缓坡带薄互层砂体储层碱性成岩环境标志

A. W58井，3021.5m，石英加大边溶解，310×，Es4s；B. W661井，2261.5m，方解石、铁方解石及铁白云石（−），Es4x^s；C. Guan12井，3321.4m，石膏、硬石膏及白云石（+），Es4x^s；D. Lai110井，2883m，长石加大、方解石（+），Es4s

2. 酸性环境标志

随着地层流体 pH 的逐渐降低，石英溶解作用和碳酸盐胶结作用逐渐停止，取而代之的是长石、碳酸盐胶结的溶解作用的发生。酸性成岩环境中长石易发生溶蚀或蚀变，形成大量的溶蚀孔隙，长石溶蚀和蚀变过程中产生大量的高岭石和 SiO_2，为石英加大的形成提供了重要的物质基础。石英加大的发育直接证明了储层中酸性环境的存在。因此，可以将长石、碳酸盐胶结物的溶解以及石英加大边的发育作为储层经历酸性成岩环境的标志。

东营凹陷缓坡带孔一段—沙四段薄互层砂体储层中同样存在大量的反映酸性成岩环境的成岩现象。薄互层砂体储层中长石和碳酸盐溶蚀现象普遍发育，镜下常可见到长石颗粒和碳酸盐胶结物被溶蚀成港湾状、蚕食状、不规则溶孔等，形成了大量的溶蚀孔隙（图 6.2）。储层中石英加大较为发育，加大边较为平直，常可见到二期石英加大边发育（图 6.2）。长石和碳酸盐、铁碳酸盐胶结物溶解作用的共同发生以及多期石英加大边的发育表明储层中可能经历了多期酸性成岩环境。

图 6.2　东营凹陷缓坡带薄互层砂体储层酸性成岩环境标志

A. G890 井，2598.2m，长石溶解、石英自生加大及自生高岭石和绿泥石，1000×，Es_4s；B. G94 井，3785.11m，长石溶解、石英加大边（−），Ek_1；C. B168 井，2386.3m，长石溶解、石英加大边，铁白云石充填长石溶孔（−），Es_4s；D. Lai74 井，2798.8m，碳酸盐溶解、石英加大边（−），Es_4s

铁方解石、铁白云石等碱性成岩产物对石英加大等酸性成岩产物的交代作用，碳酸盐胶结物对长石溶蚀孔隙的充填作用及石英加大边的溶解作用等成岩现象反映了酸性成岩环境向碱性成岩环境的演化过程；碳酸盐胶结物的溶解等成岩现象反映了碱性成岩环境向酸性成岩环境的演化过程。

二、埋藏成岩环境的碳氧稳定同位素记录

沉积盆地内碎屑岩储层中发育的碳酸盐胶结物的碳氧稳定同位素记录了其形成过程中的地层流体性质及地层温度等成岩环境信息（何起祥，1983；王琪等，2007）。成岩作用研究表明，东营凹陷缓坡带薄互层砂体储层中碳酸盐胶结物类型多样，既发育方解石和白云石又发育铁方解石和铁白云石，具有多期次性。研究中对漫湖环境中碳酸盐胶结物相对较为发育的薄互层砂体储层进行取样测试其碳氧稳定同位素，结合前人对滨浅湖环境薄互层砂体储层碳氧稳定同位素的研究，明确薄互层砂体储层中碳酸盐胶结物形成期次及其形成时期地层流体性质。

1. 碳氧同位素组成特征及记录的流体性质

由于东营凹陷缓坡带薄互层砂体储层中碳酸盐胶结物类型多样，难以选取完全含有单一类型碳酸盐胶结物的样品，通过偏光显微镜观察分析，选取了以一种或两种碳酸盐胶结物为主的样品进行测试分析，碳、氧同位素测试结果如表 6.1 所示，表中数据为 PDB 标准。1~20 号样品取自漫湖环境储层，21~25 号样品取自滨浅湖环境储层。漫湖环境储层碳酸盐胶结物以方解石和铁方解石为主，少数样

表 6.1 东营凹陷缓坡带薄互层砂体储层碳酸盐胶结物稳定碳氧同位素分析

序号	井号	深度/m	层位	胶结物类型	铁碳酸盐/碳酸盐	$\delta^{13}C$/‰, PDB	$\delta^{18}O$/‰, PDB	形成温度/℃
1	G16	2297.74	Es_4x^x	方解石/铁方解石	0.12	−6.2	−11.8	40.2
2	G16	2339.25	Es_4x^x	方解石/铁方解石	0.22	−3.7	−12.1	41.9
3	G41	1102.65	Ek_1	方解石	0	−0.5	−9.9	30.1
4	G58	984.2	Ek_1	方解石	0	−0.5	−10.4	32.7
5	Cg1	2319.4	Es_4x^x	方解石/铁方解石	0.5	−16.3	−12.2	91.2
6	Guan113	2483.53	Es_4x^s	方解石/铁方解石	2.5	−16.2	−11	81.1
7	Guan118	3007.7	Es_4x^s	方解石/铁方解石	0.18	−7.2	−14.3	111.3
8	Guan120	2950.09	Es_4x^s	方解石/铁方解石	0.29	−6.2	−15.2	121.0
9	Guan125	1814	Es_4x^s	方解石/铁方解石	0.37	−8.4	−10.8	79.5

续表

序号	井号	深度/m	层位	胶结物类型	铁碳酸盐/碳酸盐	$\delta^{13}C$/‰, PDB	$\delta^{18}O$/‰, PDB	形成温度/℃
10	Guan125	1824.9	Es_4x^x	方解石/铁方解石	0.1	−11.2	−8.4	61.8
11	Guan4	2749.7	Es_4x^s	方解石/铁方解石	0.17	−6.6	−11.1	81.9
12	L120	3052.55	Es_4x^s	方解石/铁方解石	0.27	−6.9	−12.5	93.9
13	W130	1900.35	Ek_1	方解石	0	−4.5	−0.4	76.3
14	W130	1955	Ek_1	方解石	0	−5	−9.6	70.3
15	W96	2155.09	Ek_1	方解石/铁方解石	0.17	−13.3	−13.8	106.2
16	Wx131	2368	Ek_1	方解石/铁方解石	1	−9.2	−13.2	100.4
17	Wx99	2093.04	Ek_1	方解石	0	−6.8	−6.8	51.4
18	Fs1	3584.2	Ek_1	白云石/铁白云石	1.49	−20.7	−14.5	158.0
19	Fs1	4056.7	Ek_1	方解石/铁白云石	1.1	−18.1	−15.4	169.2
20	W661	2261.85	Es_4x^s	方解石/铁白云石	2	−15.3	−11	119.4
21	G891	2772.2	Es_4s	方解石/铁白云石	1.16	−0.3	−12.6	135.7
22	G891	2808.4	Es_4s	方解石/铁白云石	3.5	−0.6	−12.8	137.9
23*	F137	3170.3	Es_4s	白云石/铁白云石	1.5	−0.94	−10.64	116
24*	L105	2764	Es_4s	方解石/铁白云石	3.2	−0.9	−11.58	125.1
25*	C106	2883.4	Es_4s	方解石/铁白云石	0.47	−0.85	−12.13	90.6

*数据来自于文献（据韩元佳等，2012）。

品以白云石和铁白云石为主，铁碳酸盐胶结物含量与无铁碳酸盐胶结物含量比值为0~3.5，表明储层中碳酸盐胶结物类型及含量差异明显。滨浅湖环境储层碳酸盐胶结物以方解石和铁白云石为主，铁碳酸盐胶结物含量与无铁碳酸盐胶结物含量比值主要为1.16~3.5，仅25号样品为0.47，表明以碳酸盐胶结物以铁白云石为主。

漫湖环境储层中碳酸盐胶结物为纯方解石的样品$\delta^{13}C$为−0.5‰~−5‰，其中3号和4号样品$\delta^{13}C$均为−0.5‰，13号、14号和17号样品$\delta^{13}C$相对较为接近，分别为−5‰、−3.7‰和−4.5‰，$\delta^{13}C$明显偏重；$\delta^{18}O$为−6.8‰~−10.4‰，除17号样品为−6.8‰之外，其余样品$\delta^{18}O$分布较为集中。碳酸盐胶结物为方解石和铁方解石的样品$\delta^{13}C$为−0.3‰~−16.2‰，除1号和2号样品$\delta^{13}C$分别为−0.3‰和−0.6‰之外，其余样品$\delta^{13}C$为−6.2‰~−16.2‰；$\delta^{18}O$为−8.4‰~−15.2‰。碳酸盐胶结物为方解石（白云石）和铁白云石的样品$\delta^{13}C$为−6.2‰~−20.7‰，除19号样品$\delta^{13}C$为−6.2‰之外，其余样品$\delta^{13}C$为−15.3‰~−20.7‰，$\delta^{18}O$为−11‰~−15.4‰。滨浅湖环境储层中碳酸盐胶结物的$\delta^{13}C$为−0.3‰~−0.94‰，$\delta^{13}C$较重，$\delta^{18}O$为

−10.64‰~−12.8‰。

研究表明，典型海相碳酸盐的 $\delta^{13}C$ 常在 0~3‰ 变化（Jansa and Noguera, 1990），湖相原生碳酸盐的 $\delta^{13}C$ 为−2‰~6‰（Kelts and Talbot, 1990），与大气淡水有关的碳酸盐的 $\delta^{13}C$ 在−1‰~−5‰ 变化，有机碳的 $\delta^{13}C$（PDB）一般在−16‰~−25‰ 变化（Jansa and Noguera, 1990; Lohmann, 1992）。

通过碳、氧同位素交会图分析表明，漫湖环境薄互层砂体储层中碳酸盐胶结物碳、氧同位素可以划分为四组（图 6.3）。A 组样品主要为位于高青地区的 G16 井、G41 井和 G58 井，碳酸盐胶结物既有纯方解石又有方解石和铁方解石并存，$\delta^{13}C$ 主要为−0.5‰~−3.7‰，仅 1 号样品 $\delta^{13}C$ 为−6.2‰，$\delta^{18}O$ 为−9.9‰~−12.1‰，$\delta^{13}C$ 在湖相原生碳酸盐和与大气淡水相关的碳酸盐的 $\delta^{13}C$ 范围内。受青城凸起形成发育的影响，高青地区自沙三段沉积以来至东营组沉积时期一直处于抬升剥蚀状态（于建国等，2009），储层位于不整合面之下，受大气淡水淋滤作用明显。因此，A 组样品的 $\delta^{13}C$ 值可能反映了碳酸盐胶结物是早期碱性环境下的产物，也可能是受大气淡水淋滤早期胶结物而形成，1 号样品 $\delta^{13}C$ 负偏移可能是受后期埋藏成岩过程中成岩流体的影响所致。B 组样品分布于 W130 井和 Wx99 井，碳酸盐胶结物为纯方解石，呈基底式胶结（图 5.4A），$\delta^{13}C$ 为−4.5‰~−6.8‰，$\delta^{18}O$ 为−6.8‰~−10.4‰，$\delta^{13}C$ 基本分布于大气淡水有关的碳酸盐的 $\delta^{13}C$ 值范围内，17 号样品 $\delta^{13}C$ 略有负偏移，但是 W130 井和 Wx99 井区孔一段—沙四段沉积之后至东营组末期并未发生大规模的构造抬升运动，储层一直处于埋藏状态，受大气淡水影响非常小，东营凹陷孔一段—沙四段湖相碳酸盐岩 $\delta^{13}C$ 为−5.476‰~1.616‰（王随继等，1997），反映了孔一段—沙四段沉积时期湖泊水体的 $\delta^{13}C$ 的特征，B 组样品的 $\delta^{13}C$ 与其基本吻合。B 组 3 个样品均位于砂泥岩互层中的砂体边缘，基底式方解石胶结物的形成时间一般相对较早，且受互层泥岩中包含的原生沉积水和黏土矿物脱水影响明显，因此，B 组样品的 $\delta^{13}C$ 值反映了原生沉积水对薄互层砂体储层成岩作用的影响，17 号样品可能受到含有轻碳物质的影响。C 组样品的碳酸盐胶结物主要为方解石和铁方解石，铁碳酸盐胶结物含量与无铁碳酸盐胶结物含量比值一般为 0.17~0.37，表明胶结物以方解石为主，仅 16 号样品比值为 1 左右，表明铁碳酸盐含量相对较高。C 组样品 $\delta^{13}C$ 为−6.2‰~−9.2‰，$\delta^{18}O$ 为−10.8‰~−13.2‰，$\delta^{13}C$ 和 $\delta^{18}O$ 均发生负偏移，表明胶结物形成过程中受到了含有较轻 $\delta^{13}C$ 的有机碳的影响（Jansa and Noguera, 1990；孙致学等，2010）。D 组样品的碳酸盐胶结物主要为方解石、铁方解石和铁白云石，铁碳酸盐胶结物含量与无铁碳酸盐胶结物含量比值一般大于 1.1，表明胶结物以铁方解石和铁白云石为主，仅 10 号和 15 号样品比值小于 0.2，胶结物以方解石为主。D 组 $\delta^{13}C$ 为−11.2‰~−20.7‰，$\delta^{18}O$ 为−8.4‰~−15.4‰，$\delta^{13}C$ 和 $\delta^{18}O$ 负偏移更加明显，表明胶结物形成过程中受到有机碳的影响更加明显。

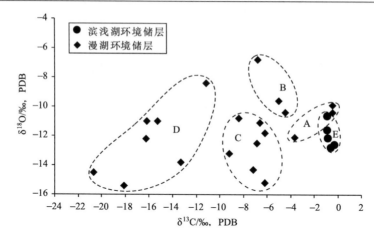

图 6.3 东营凹陷缓坡带薄互层砂体储层碳酸盐胶结物碳、氧同位素交会图

E 组为滨浅湖环境储层样品，样品中铁碳酸盐胶结物含量与无铁碳酸盐胶结物含量比值一般大于 1.16，表明胶结物以铁白云石为主，$\delta^{13}C$ 为–0.3‰~–0.94‰，分布于湖相原生碳酸盐范围内，与大气淡水相关的碳酸盐的 $\delta^{13}C$ 范围较为接近。储层中铁碳酸盐胶结物一般形成于埋藏成岩作用晚期，不会直接受原生沉积水影响，同样不可能受大气水影响。Franks 等学者在研究有机酸分子内不同类型含碳基团的碳同位素组成后，揭示了有机酸分子内普遍存在的碳同位素分馏作用（Franks et al., 2001）。在羧酸 $\delta^{13}C$ 分布在–25‰~–15‰的情况下，分子内碳同位素分馏作用可以使羧基碳 $\delta^{13}C$ 达到–12.8‰~8.0‰，羧基（—COOH）通过脱羧作用形成的 CO_2 及相关成因的碳酸盐胶结物 $\delta^{13}C$ 则可能更高，从而产生碳同位素值的正漂移（韩元佳等，2012）。因此，滨浅湖环境铁方解石 $\delta^{13}C$ 偏重可能是受有机分子碳同位素分馏作用影响所致，也有可能是由早期湖相碳酸盐岩被后期流体溶解为铁白云石的形成提供物质来源所致（韩元佳等，2012）。

漫湖环境薄互层砂体储层中 $\delta^{13}C$ 和铁碳酸盐胶结物含量与无铁碳酸盐胶结物含量比值呈明显的负相关关系（图 6.4），即铁碳酸盐胶结物含量越高，$\delta^{13}C$ 越偏负，结合纯方解石 $\delta^{13}C$ 特征分析表明，铁碳酸盐胶结物的形成受干酪根热解释放的有机碳影响明显，而这些有机碳往往以有机酸热裂解形成的 CO_2 的形式参与成岩作用（王清斌等，2009）。因此，C 组和 D 组样品 $\delta^{13}C$ 反映了有机酸对储层成岩作用的影响。滨浅湖环境储层中 $\delta^{13}C$ 和铁碳酸盐胶结物含量无明显对应关系（图 6.4）。

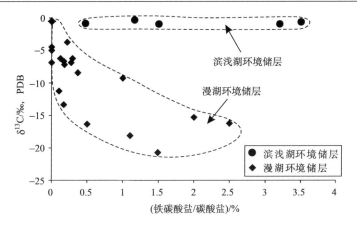

图 6.4 东营凹陷缓坡带薄互层砂体储层碳同位素与（铁碳酸盐/碳酸盐）含量比值的关系

2. 碳酸盐胶结物沉淀温度

稳定氧同位素是良好的地质温度计，可利用其推算自生碳酸盐的沉淀温度（何起祥，1983；王琪等，2007；孙致学等，2010）。除 1~4 号样品为大气淡水淋滤环境外，其余样品均为埋藏环境。由于东营凹陷孔一段—沙四段沉积时期古气候相对较为干旱，湖泊水体盐度较大，大陆淡水的氧同位素并不适合作为埋藏环境储层胶结物沉淀温度计算的 $\delta^{18}O$。因此，本次研究采用大陆淡水的 $\delta^{18}O$（-7‰，SMOW 标准）作为 1~4 号样品计算时流体的 $\delta^{18}O$（孙致学等，2010），采用现今海水的 $\delta^{18}O$（0，SMOW 标准）作为 5~25 号样品计算时流体的 $\delta^{18}O$（肖丽华等，2004）。方解石（铁方解石）和白云石（铁白云石）的沉淀温度计算公式分别来自 Northrop 和 Clayton（1966）和 O'Neil et al.（1969），计算结果如表 6.1 所示。

A 组样品方解石和铁方解石的沉淀温度为 30.1~41.9℃，温度较低，进一步反映了近地表的大气淡水淋滤作用；B 组样品方解石的沉淀温度为 51.4~76.3℃，反映了基底式方解石胶结作用发生于储层埋藏早期，表明漫湖环境储层成岩演化早期可能经历较强的碱性环境；C 组样品方解石和铁方解石沉淀温度主要分布为 79.5~121℃，D 组样品方解石、铁方解石和铁白云石沉淀温度主要分布在 61.8~169.9℃范围内，温度跨度范围较大，主要是由于不同埋藏深度的储层形成碳酸盐胶结物时的地层温度不同所致。E 组滨浅湖环境储层样品方解石和铁白云石沉淀温度为 90.6~137.9℃。值得注意的是，对于含有多种类型碳酸盐胶结物的样品而言，推测出的沉淀温度是多种碳酸盐胶结物沉淀温度的综合反映，并不能准确反映单一类型碳酸盐胶结物的沉淀温度。

漫湖环境和滨浅湖环境薄互层砂体储层中碳酸盐胶结物的沉淀温度与（铁碳

酸盐胶结物/无铁碳酸盐胶结物）含量比值具有良好的正相关关系（图 6.5），表明铁方解石和铁白云石的形成温度明显高于方解石和白云石，铁方解石和铁白云石往往形成于储层成岩作用晚期，此时地层埋藏深度大，地层温度高，而方解石和白云石常形成于储层成岩作用早期。由于薄互层砂体储层中铁碳酸盐胶结物含量由砂体边缘向砂体内部逐渐增加，砂体边缘以发育方解石为主，厚层砂体中部以发育铁方解石和铁白云石胶结物为主，因此，砂体边缘碳酸盐胶结物形成时间早于厚层砂体中部碳酸盐胶结物形成时间，而铁碳酸盐较高的沉淀温度也说明了晚期的碱性环境受到了有机酸热脱羧的形成的 CO_2 影响。同时，也间接地说明了有机酸作为地层流体影响了薄互层砂体储层成岩作用。

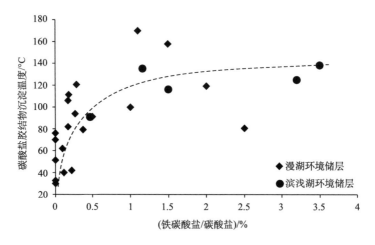

图 6.5　东营凹陷缓坡带薄互层砂体储层碳酸盐胶结物沉淀温度与（铁碳酸盐/碳酸盐）含量比值关系

三、埋藏成岩环境的流体包裹体记录

沉积盆地中碎屑岩储层成岩作用实质上是水（地层流体）-岩相互作用的过程（Lynch, 1996; Alaa et al., 2000）。地层流体不仅是构成成岩环境的关键因素，而且还作为反应介质直接参与成岩作用过程。不同性质的地层流体在储层中形成了不同类型的自生成岩矿物，这些自生成岩矿物在结晶形成过程中，常常会捕获一些地层流体，如地层水、油气等，从而形成流体包裹体。这些储层成岩过程中形成的流体包裹体记录了大量的成岩流体、地层温度、地层压力等成岩环境信息，为研究储层埋藏成岩环境提供了最直接的证据（Roedder, 1984; Eadington and Hamilton, 1991; Wilkinson et al., 1998; Carlos et al., 2002; Feng et al., 2010）。

在岩石薄片观察描述的基础上，选取 34 块东营凹陷缓坡带薄互层砂体储层自生成岩矿物相对较为发育的样品进行流体包裹体分析测试，其中漫湖环境 24 块样品，并对其中八块样品进行双面剖光处理，制作成包裹体片，滨浅湖环境 10 块样品，并将其中五块制作成为双面剖光的包裹体片。包裹体片的制作和流体包裹体的研究均在爱尔兰国立高威大学地质流体实验室完成。流体包裹体岩相学特征的研究采用装备有紫外线荧光设备的 Nikon Eclipse E200 显微镜进行，包裹体测温学研究采用 Linkam THMGS-600 冷热台进行，测温过程中采用 MacDonald 和 Spooner（1981）的方法对冷热台进行校正，测温误差在-56.6℃时为±0.2℃，在300℃时为±2℃。激光拉曼光谱分析采用 Horiba LabRam 激光共聚焦显微镜进行。

1. 包裹体岩相学特征

东营凹陷缓坡带薄互层砂体储层中流体包裹体主要发育在碎屑石英颗粒、石英加大边、石英颗粒愈合缝和碳酸盐胶结物中（图6.6），其中碎屑石英颗粒中的包裹体是继承性包裹体，形成于沉积岩形成之前，不能反映储层成岩过程中成岩环境的信息（卢焕章等，2004），这里不再对其讨论。赋存于石英加大边、石英颗粒愈合缝和碳酸盐胶结物中的包裹体是沉积物埋藏成岩演化过程中形成的，记录了大量的成岩环境信息(Murry and Roedder, 1979; Eadington and Hamilton, 1991; 孙靖等, 2010)，其中，赋存于石英加大边和碳酸盐胶结物中的包裹体与胶结物同时期形成，为原生包裹体，而石英愈合缝中的包裹体为次生包裹体（卢焕章等，2004）。

赋存于石英加大边和碳酸盐胶结中的原生流体包裹体呈三维随机孤立状分布，包裹体一般平行于自生石英的生长方向或碳酸盐胶结物的晶面，次生流体包裹体一般呈串珠状分布于石英颗粒愈合缝中（AMF）（图6.6）。薄互层砂体储层中流体包裹体一般具有圆形、椭圆形、管状、三角形和负晶形五种形态特征。总体而言，薄互层砂体储层中包裹体较小，长度一般小于10μm，主要为2~8μm。气液两相包裹体充满度 F 较大，一般在 0.85 之上。

根据包裹体中的流体性质可将其分为盐水包裹体（图6.6）和油气包裹体（图6.7）。根据室温下观测到的相态，可将盐水包裹体划分为单相液体包裹体(图6.6A、B)、气液两相包裹体（图6.6C、D、E、F、H、I、J、K）和气液固三相包裹体（图6.6L）。单相液体包裹体仅有无色透明的液体构成，气液两相包裹体由无色透明的液体和一个小气泡构成，气液固三相包裹体有液体、气泡和石盐子晶构成。薄互层砂体储层中油气包裹体主要分布在石英愈合缝中，为次生包裹体，根据室温下观测到的相态，可将油气包裹体划分为单相液体包裹体和气液两相包裹体。油气包裹体在正常光下常具有淡绿色或淡黄色特征，在紫外光下常具有蓝色、蓝白色、黄色和黄绿色荧光特征（图6.7）。东营凹陷缓坡带薄互层砂体储层自生成岩矿物和石英愈合缝中发育的流体包裹体的岩相学特征如表6.2所示。

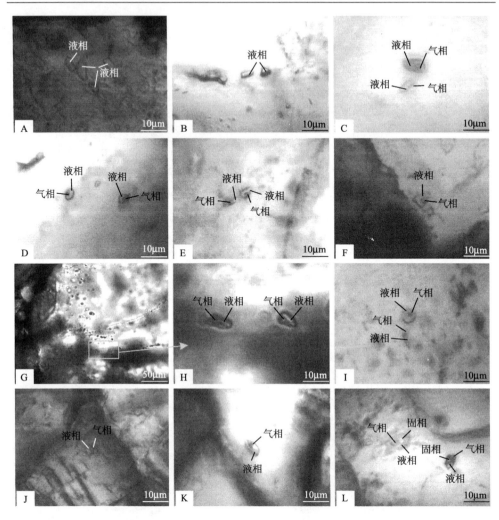

图 6.6 东营凹陷缓坡带薄互层砂体储层自生成岩矿物及石英愈合缝中盐水包裹体

A.原生单相液体包裹体，F=1，CCT，Wx99 井，1940.23m，Ek_1；B.原生单相液体包裹体，F=1，AQTZ，G58 井，991.3m，Ek_1；C.原生气液两相包裹体，F=0.92，AQTZ，L902，2532.45m，Ek_1；D.原生气液两相包裹体，F=0.89，AQTZ，Fs1 井，3584.2m，Ek_1；E.原生气液两相包裹体，F=0.9，AQTZ，L902，2532m，Ek_1；F.原生气液两相包裹体，F=0.87，AQTZ，G891，2772.2m，Es_4s；G、H.次生气液两相包裹体，F=0.93，AMF，Fs1 井，3584.2m，Ek_1；I.原生气液两相包裹体，F=0.95，CCT，Guan113，2494.49m，Es_4x^s；J.原生气液两相包裹体，F=0.85，CCT，Guan12，3321.4m，Es_4x^s；K.原生气液两相包裹体，F=0.9，CCT，Guan12，3321.4m，Es_4x^s；L.原生气液固三相包裹体，含石盐晶体，F=0.8，CCT，W130，1900.35m，Ek_1。CCT.碳酸盐胶结物，AQTZ.自生石英，AMF.石英颗粒愈合缝

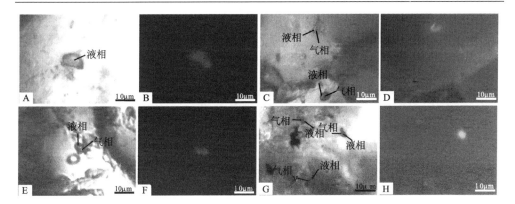

图 6.7 东营凹陷缓坡带薄互层砂体储层中油气包裹体

A.淡绿色单相液体油气包裹体，正常光，AMF，Fs1 井，3584.2m，Ek_1；B.包裹体呈蓝色荧光，紫外光，与 A 同；C.淡绿色气液两相油气包裹体，正常光，AMF，Wx99 井，2093.04m，Ek_1；D.包裹体呈黄绿色和蓝色荧光，紫外光，与 C 同；E.淡黄色气液两相油气包裹体，正常光，AMF，L902 井，2532m，Ek_1；F.包裹体呈蓝色荧光，紫外光，与 E 同；G.棕色气液两相油气包裹体，正常光，AMF，L902 井，2532m，Ek_1；H.包裹体呈蓝色、蓝白色和黄色荧光，紫外光，与 G 同

表 6.2 东营凹陷缓坡带薄互层砂体储层自生成岩矿物和石英颗粒愈合缝中流体包裹体岩相学特征总结

岩相学特征	盐水包裹体			油气包裹体	
	单相	气液两相	气液固三相	单相	气液两相
宿主矿物	方解石、自生石英	自生石英、石英颗粒愈合缝、碳酸盐胶结物	碳酸盐胶结物	石英颗粒愈合缝	石英颗粒愈合缝
成因	原生	原生和次生	原生	次生	次生
颜色	无色透明	无色透明	无色透明	紫外光下蓝色荧光	紫外光下蓝色、黄绿色、黄色、蓝白色荧光
形状	椭圆状和管状	主要为圆状、椭圆状和管状	负晶形	椭圆状	椭圆状
长度	2~6μm	2~8μm	4~9μm；子矿物<2μm	<8μm	3~8μm
充满度 F	—	一般>0.85			一般>0.8
丰度	低	高	非常低	低	较高

2. 包裹体测温学特征

包裹体岩相学特征分析表明，东营凹陷缓坡带薄互层砂体储层中气液两相包裹体发育程度最高，因此，本次研究的显微测温学主要针对自生成岩矿物和石英颗粒愈合缝中的气液两相盐水包裹体和油气包裹体进行。通过显微测温分析，主要获得了一些大包裹体的初始熔化温度（T_{fm}）和大多数包裹体的最终熔化温度（T_{lm}）和均一温度（T_h）。通过最终熔化温度获得了包裹体盐度（Bodnar et al., 1993）。所有气液两相盐水和油气包裹体均均一至液相，加热过程中，当温度接近均一温度时，大多数包裹体中的气泡剧烈的跳动。石英加大边中盐水包裹体初始熔化温度一般为-20~-29℃，石英愈合缝中盐水包裹体初始熔化温度主要为-20~-29℃，少数初始熔化温度分布在-50℃左右，碳酸盐胶结物中盐水包裹体初始熔化温度一般分布在-46~-50℃，少数初始熔化温度为-20~-29℃（图6.8），因此，石英加大边和石英愈合缝中盐水包裹体主要由$NaCl$-H_2O组成，少数石英愈合缝中包裹体中可能含有$CaCl_2$，而碳酸盐胶结物中盐水包裹体成分中普遍含有$CaCl_2$（Crawford, 1981）。

漫湖环境薄互层砂体储层不同样品自生成岩矿物和石英颗粒愈合缝中气液两相盐水包裹体和油气包裹体的盐度和均一温度特征如下。

样品1（Fs1，3584.2m）：石英加大边中原生包裹体的盐度一般为1~11 eq.wt%NaCl，其中81.25%为2~5 eq.wt%NaCl，均一温度为100~170℃，其中89.7%为120~140℃（图6.9A和图6.10A）；石英颗粒愈合缝中的次生包裹体盐度同样为1~11 eq.wt%NaCl，其中75%为4~9 eq.wt%NaCl，均一温度为120~160℃，其中72.2%为120~140℃，27.8%为140~160℃（图6.9A和图6.10A）；碳酸盐胶结物中的原生包裹体盐度一般为8~20 eq.wt%NaCl，其中66.7%为13~18 eq.wt%NaCl，均一温度一般为120~180℃，其中66.7%为140~160℃（图6.9A和图6.10A）。

样品2（L902，2532m）：石英加大边中原生包裹体的盐度一般为1~8 eq.wt%NaCl，其中76.5%为1~4 eq.wt%NaCl，均一温度为90~140℃，其中62.5%为90~110℃（图6.9B和图6.10B）；石英颗粒愈合缝中的次生包裹体盐度同样为1~15 eq.wt%NaCl，其中66.7%为2~5 eq.wt%NaCl，均一温度为80~130℃，其中62.5%为90~110℃（图6.9B和图6.10B）；碳酸盐胶结物中的原生包裹体仅发现了三个，平均盐度为13.71 eq.wt%NaCl，平均均一温度一般为92.6℃（图6.9B和图6.10B）。样品2中发现了四个赋存于石英颗粒愈合缝中的两相油气包裹体，其中一个发黄色荧光的包裹体均一温度为88.7℃，与其共生的盐水包裹体均一温度为104.2~107.9℃；三个发蓝色和蓝白色荧光的包裹体均一温度为98.2~105.3℃，平均为102℃，与其共生的盐水包裹体均一温度为121.8~124.9℃（表6.3）。

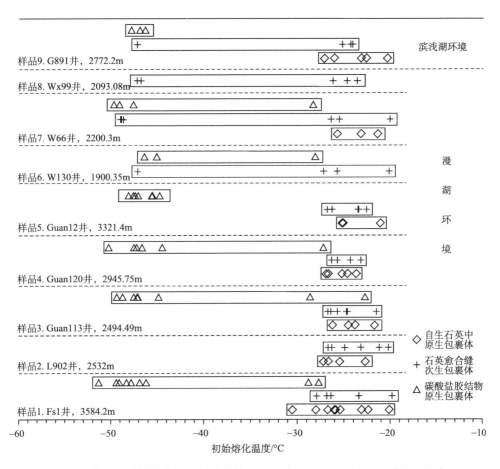

图 6.8　东营凹陷缓坡带薄互层砂体储层中气液两相盐水包裹体初始熔化温度

样品 3（Guan113，2494.49m）：石英加大边中原生包裹体的盐度一般为 3~11 eq.wt%NaCl，其中 76.5%为 4~9 eq.wt%NaCl，均一温度为 80~150℃，其中 64.7%为 90~110℃（图 6.9C 和图 6.10C）；石英颗粒愈合缝中的次生包裹体盐度同样为 1~16 eq.wt%NaCl，其中 56.3%为 5~8 eq.wt%NaCl，均一温度为 80~130℃，其中 75%为 80~100℃，18.8%为 120~130℃（图 6.9C 和图 6.10C）；碳酸盐胶结物中的原生包裹体盐度一般为 11~23 eq.wt%NaCl，其中 76.5%为 11~23 eq.wt%NaCl，均一温度一般为 60~140℃，其中 55.6%为 70~90℃，33.3%为 110~130℃（图 6.9C 和图 6.10C）。样品 3 中发现了五个赋存于石英颗粒愈合缝中的两相油气包裹体，其中一个发黄色荧光的包裹体均一温度为 87.9℃，与其共生的盐水包裹体均一温度为 107.5℃；四个发蓝色荧光的包裹体均一温度为 99.1~107.1℃，平均温度为 102.3℃，与其共生的盐水包裹体均一温度为 118.2~127.3℃（表 6.3）。

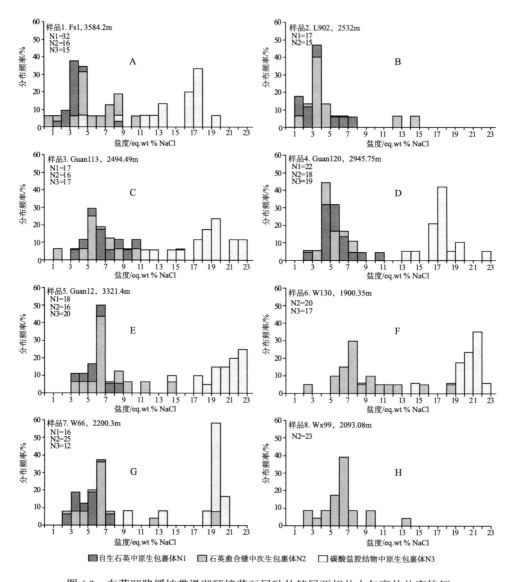

图 6.9　东营凹陷缓坡带漫湖环境薄互层砂体储层两相盐水包裹体盐度特征

样品 4（Guan120，2945.75m）：石英加大边中原生包裹体的盐度一般为 2~11 eq.wt%NaCl，其中 77.3%为 4~7 eq.wt%NaCl，均一温度为 100~160℃，其中 68.2%为 110~120℃（图 6.9D 和图 6.10D）；石英颗粒愈合缝中的次生包裹体盐度同样为 2~8 eq.wt%NaCl，其中 77.8%为 4~7 eq.wt%NaCl，均一温度为

100~130℃，其中 70.6%为 110~120℃（图 6.9D 和图 6.10D）；碳酸盐胶结物中的原生包裹体盐度一般为 3~23 eq.wt%NaCl，其中 78.9%为 16~20 eq.wt%NaCl，均一温度一般为 90~150℃，其中 36.8%为 90~100℃，26.3%为 130~140℃（图 6.9D 和图 6.10D）。

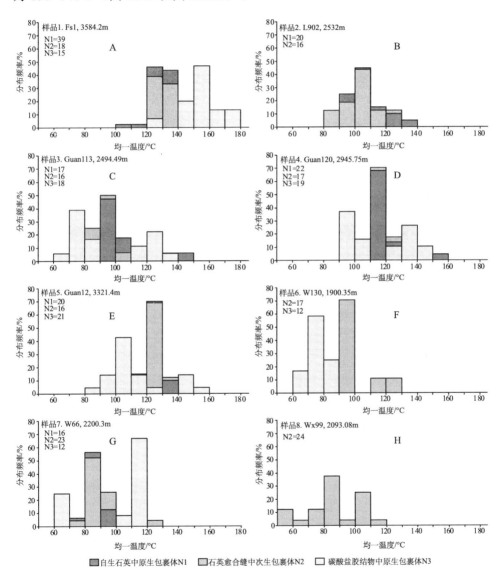

图 6.10 东营凹陷缓坡带漫湖环境薄互层砂体储层两相盐水包裹体均一温度特征

表 6.3　东营凹陷缓坡带漫湖环境薄互层砂体储层油气包裹体均一温度

井号	深度/m	个数	荧光	T_h/℃	平均 T_h/℃	共生盐水包裹体 T_h/℃
L902	2532	1	黄色	88.7	—	104.2~107.9
		3	蓝色和蓝白色	98.2~105.3	102	121.8~124.5
Guan113	2494.49	1	黄色	87.9	—	107.5
		4	蓝色	99.1~107.1	102.3	118.2~127.5
Wx99	2093.08	3	蓝色	80.5~85.2	82.5	98.3~104.9

样品 5（Guan12，3321.4m）：石英加大边中原生包裹体的盐度一般为 3~9 eq.wt%NaCl，其中 66.7%为 5~7，eq.wt%NaCl，均一温度为 110~150℃，其中 70%分布在 120~130℃（图 6.9E 和图 6.10E）；石英颗粒愈合缝中的次生包裹体盐度同样为 3~15 eq.wt%NaCl，其中 62.5%为 6~9 eq.wt%NaCl，均一温度为 110~150℃，其中 68.75%为 120~130℃（图 6.9E 和图 6.10E）；碳酸盐胶结物中的原生包裹体盐度一般为 14~23 eq.wt%NaCl，其中 75%为 19~23 eq.wt%NaCl，均一温度一般为 80~160℃，其中 57.1%为 90~110℃，19%为 140~160℃（图 6.9E 和图 6.10E）。

样品 6（W130，1900.35m）：石英颗粒愈合缝中的次生包裹体盐度同样为 2~19 eq.wt%NaCl，其中 70%为 5~10 eq.wt%NaCl，均一温度为 80~130℃，其中 58.8%为 90~100℃，17.6%为 110~120℃（图 6.9F 和图 6.10F）；碳酸盐胶结物中的原生包裹体盐度一般为 6~23 eq.wt%NaCl，其中 76.5%为 19~22 eq.wt%NaCl，均一温度一般为 80~130℃，其中 70.6%为 90~100℃（图 6.9F 和图 6.10F）。

样品 7（W66，2200.3）：石英加大边中原生包裹体的盐度一般为 2~8 eq.wt%NaCl，均一温度为 70~120℃，其中 68.8%为 80~100℃，18.8%为 110~120℃（图 6.9G 和图 6.10G）；石英颗粒愈合缝中的次生包裹体盐度同样为 2~20 eq.wt%NaCl，其中 56%为 5~7 eq.wt%NaCl，均一温度为 70~120℃，其中 78.3%为 80~100℃（图 6.9G 和图 6.10G）；碳酸盐胶结物中的原生包裹体盐度一般为 9~21 eq.wt%NaCl，其中 75%为 19~21 eq.wt%NaCl，均一温度一般为 60~120℃，其中 25%为 60~70℃，66.7%为 110~120℃（图 6.9G 和图 6.10G）。

样品 8（Wx99，2093.08m）：石英颗粒愈合缝中的次生包裹体盐度同样为 2~14 eq.wt%NaCl，其中 56.5%为 5~7 eq.wt%NaCl，均一温度为 50~120℃，其中 50%为 70~90℃，20%为 100~110℃（图 6.9H 和图 6.10H）。样品 3 中发现了三个赋存于石英颗粒愈合缝中的两相油气包裹体，均为蓝色荧光，均一温度为 80.5~85.2℃，与其共生的盐水包裹体均一温度为 98.3~104.9℃（表 6.3）。

由此可见，石英颗粒愈合缝中的盐水包裹体盐度和均一温度分布特征与石英加大边中的原生盐水包裹体盐度和均一温度分布特征基本一致，表明成岩过程中形成的次生包裹体与原生包裹体具有基本相同的化学性质，结合原生包裹体分析，同样能够反映储层埋藏成岩环境。油气包裹体的均一温度一般比与其共生的盐水包裹体的均一温度低 20~30℃。

不同样品储层自生成岩矿物和石英颗粒愈合缝中盐水包裹体测试分析结果表明漫湖环境薄互层砂体储层埋藏成岩演化过程中经历复杂多变的成岩流体演化过程。一般而言，储层成岩过程中同一时期捕获的流体包裹体具有相似的温度和盐度（Carlos et al.，2002）。流体包裹体均一温度-盐度交会图分析表明，石英加大边和石英愈合缝中盐水包裹体一般可以分为两组，分别为 QTZ1 和 QTZ2，并且以 QTZ1 组为主，QTZ2 组包裹体数量较少（图 6.11）。QTZ1 组包裹体均一温度明显低于 QTZ2 组包裹体均一温度，两组包裹体盐度无明显差别（图 6.12A）。碳酸盐胶结物中盐水包裹体同样一般可以划分为两组，分别为 CCT1 和 CCT2，一些样品中仅发育 CCT1 组或 CCT2 组包裹体，CCT1 组包裹体的均一温度一般低于 QTZ1 组包裹体的均一温度，而 CCT2 组包裹体均一温度与 QTZ2 组包裹体均一温度相近或高于 QTZ2 组包裹体均一温度。CCT1 组包裹体盐度与 CCT2 组包裹体盐度无明显差别（图 6.12B、C）。碳酸盐胶结物中包裹体盐度明显高于石英加大边和石英愈合缝中包裹体盐度。因此，通过包裹体均一温度-盐度交会图可将漫湖环境薄互层砂体储层自生成岩矿物和石英颗粒愈合缝中盐水包裹体划分为四组，碳酸盐胶结物中包裹体和石英加大边及石英愈合缝中包裹体均一温度交替出现，表明漫湖环境储层可能至少经历了四期成岩流体，并且记录于石英加大边和石英颗粒愈合缝包裹体中的成岩流体性质与记录于碳酸盐胶结物包裹体中的成岩流体性质存在明显的差别。根据包裹体荧光特征和均一温度，可将油气包裹体划分为两组，第一组油气包裹体荧光一般呈黄色或黄绿色，均一温度一般比 QTZ1 组盐水包裹体均一温度低 25℃左右；第二组油气包裹体荧光一般为蓝色或蓝白色，均一温度一般比 QTZ2 组盐水包裹体低 20~30℃（图 6.12D），表明两组油气包裹体的形成时间分别与两组石英加大边和石英颗粒愈合缝中的盐水包裹体形成时间相对应。

滨浅湖环境薄互层砂体储层不同样品自生成岩矿物和石英颗粒愈合缝中气液两相盐水包裹体和油气包裹体的盐度和均一温度特征如下。

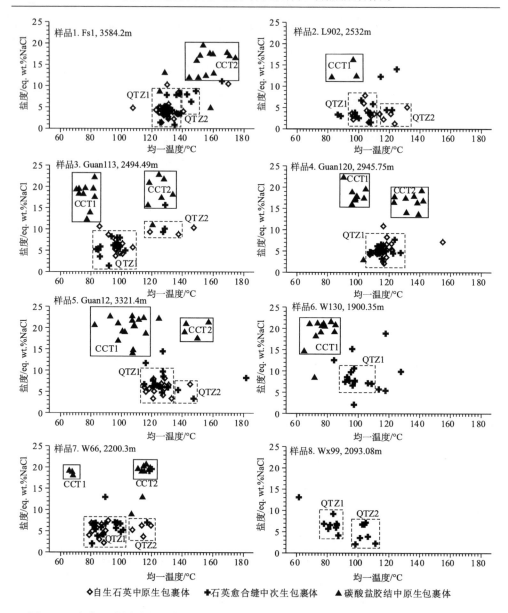

◇自生石英中原生包裹体　　+石英愈合缝中次生包裹体　　▲碳酸盐胶结中原生包裹体

图 6.11　东营凹陷缓坡带漫湖环境薄互层砂体储层两相盐水包裹体均一温度-盐度交会图

样品 1（G891，2772.2m）：石英加大边中原生包裹体的盐度一般为 1~10 eq.wt%NaCl，其中 76.2%为 1~5 eq.wt%NaCl，均一温度为 80~120℃，其中 85%为 90~110℃（图 6.13A 和图 6.14A）；石英颗粒愈合缝中的次生包裹体盐度为 2~15 eq.wt%NaCl，其中 70%为 3~5 eq.wt%NaCl，均一温度为 80~140℃，其中 73.7%为 90~110℃（图 6.13A 和图 6.14A）；碳酸盐胶结物中的原生包裹体盐度一般为

13~17 eq.wt%NaCl，其中 78.5%为 15~17 eq.wt%NaCl，均一温度一般为 110~150℃，其中 87.5%为 120~140℃（图 6.13A 和图 6.14A）。

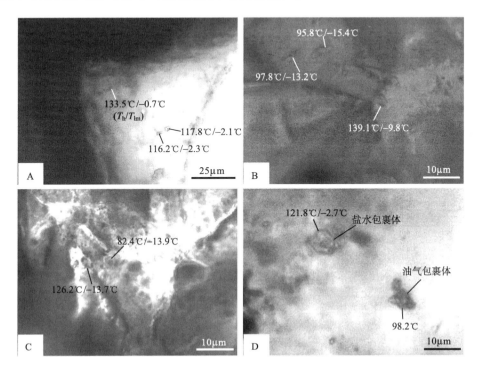

图 6.12　东营凹陷缓坡带漫湖环境薄互层砂体储层不同样品包裹体测温学特征

A. L902 井，2532m，第二期石英加大中包裹体均一温度明显高于第一期；B. Guan12 井，2945.75m，不同碳酸盐胶结物中包裹体均一温度差别加大；C. Guan113 井，2494.49m，不同碳酸盐胶结物中包裹体均一温度差别加大；D. L902 井，2532m，石英愈合缝中油气包裹体均一温度比与其共生的盐水包裹体均一温度低 23.6℃。T_h. 均一温度；T_{lm}. 最终熔化温度

样品 2（G890，2592.7m）：石英加大边中原生包裹体的盐度一般为 1~10 eq.wt%NaCl，分布相对均匀，其中 30%为 4~5 eq.wt%NaCl，均一温度为 90~130℃，其中 50%为 90~100℃，25%为 110~120℃（图 6.13B 和图 6.14B）；石英颗粒愈合缝中的次生包裹体盐度为 2~8 eq.wt%NaCl，其中 87.5%为 2~6 eq.wt%NaCl，均一温度为 70~130℃，其中 69.6%为 90~110℃（图 6.13B 和图 6.14B）；仅发现了两个碳酸盐胶结物中的原生包裹体，盐度为 14.19 eq.wt%NaCl 和 16.99 eq.wt%NaCl，均一温度为 116.3℃和 122.6℃（表 6.4）。

样品 3（G89-8，2932.1m）：石英颗粒愈合缝中的次生包裹体，其盐度为 3~9 eq.wt%NaCl，其中 88.9%为 3~6 eq.wt%NaCl，均一温度为 90~130℃，其中 87.5%为 100~130℃（图 6.13C 和图 6.14C）；仅发现了两个碳酸盐胶结物中的原生包裹体，盐度分别为 13.83 eq.wt%NaCl 和 15.67 eq.wt%NaCl，均一温度分别为 118.2℃ 和 124.6℃（表 6.4）。

样品 4（F143，3132.7m）：石英加大边中原生包裹体的盐度一般为 1~8 eq.wt%NaCl，其中 50%为 4~5 eq.wt%NaCl，均一温度为 90~130℃，其中 66.7% 为 110~120℃（图 6.13D 和图 6.14D）；石英颗粒愈合缝中的次生包裹体盐度为 2~12 eq.wt%NaCl，其中 57.1%为 3~5 eq.wt%NaCl，均一温度为 90~140℃，其中 50%为 110~120℃（图 6.13D 和图 6.14D）。

样品 5（G890，2621.25m）：仅可见石英颗粒愈合缝中的次生包裹体，其盐度为 1~8 eq.wt%NaCl，其中 75%为 2~5 eq.wt%NaCl，均一温度为 80~130℃，其中 61.5%为 90~110℃（图 6.13E 和图 6.14E）。

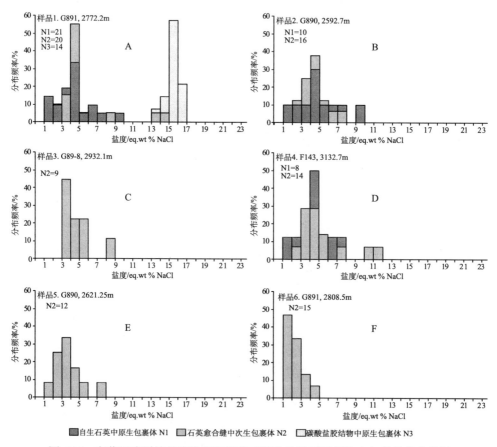

图 6.13　东营凹陷缓坡带滨浅湖环境薄互层砂体储层两相盐水包裹体盐度特征

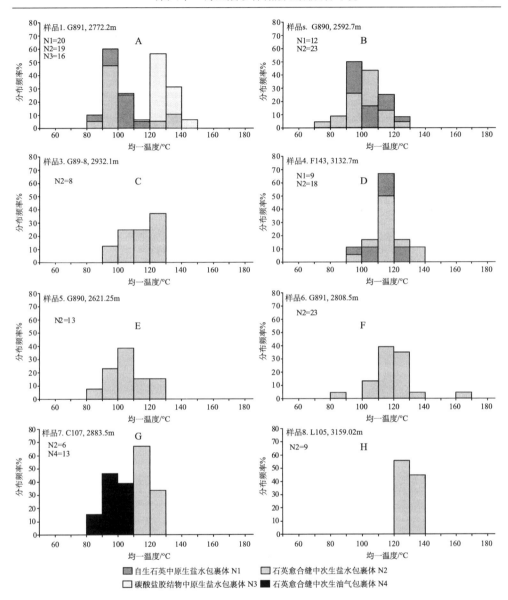

图 6.14 东营凹陷缓坡带滨浅湖环境薄互层砂体储层两相盐水包裹体均一温度特征

样品 6（G891，2808.5m）：石英颗粒愈合缝中的次生包裹体盐度为 1~5 eq.wt%NaCl，均一温度为 80~170℃，其中 73.9%为 110~130℃（图 6.13F 和图 6.14F）。样品 6 中发现了五个赋存于石英颗粒愈合缝中的两相油气包裹体，其中三个发黄色荧光的包裹体均一温度为 89.7~90.6℃，平均为 90.3℃，与其共生的盐水包裹体均一温度为 112.2~117℃；两个发蓝白色荧光的包裹体均一温度为 100.8~104.2℃，平均为 102.5℃，与其共生的盐水包裹体均一温度为 124~129.8℃（表 6.5）。

样品 7（C107，2883.5m）：仅获得了一个石英颗粒愈合缝中的次生包裹体盐度，为 6.2 eq.wt%NaCl，均一温度分布在 110~130℃（图 6.14G）；样品 7 中发现了 13 个赋存于石英颗粒愈合缝中的两相油气包裹体，呈蓝白色或白色荧光，包裹体均一温度为 80~110℃，其中 84.6%为 90~110℃（图 6.14G），与石英颗粒愈合缝中的盐水包裹体共生。

表 6.4 东营凹陷缓坡带滨浅湖环境薄互层砂体储层气液两相盐水包裹体测温学特征

序号	井号	深度/m	宿主矿物	成因类型	分类	T_h/℃	平均 T_h/℃	盐度/eq.wt%NaCl	平均盐度/eq.wt%NaCl
样品 2	G890	2592.7	碳酸盐胶结物	原生	盐水	116.3~122.6	119.5, n=2	14.15~16.99	15.57, n=2
样品 3	G89-8	2932.1	碳酸盐胶结物	原生	盐水	118.2~124.6	121.4, n=2	13.83~15.67	14.75, n=2
样品 9	C17	2359.6	石英愈合缝	次生	盐水	97.6~109.8	102.8, n=3	9.34	—
样品 10	F137	3152.7	石英愈合缝	次生	盐水	90.5~134.9	120.3, n=5	3.39~9.6	6.47, n=4
样品 11	W126	3018.3	石英愈合缝	次生	盐水	101.9~117.5	111.6, n=6	0.7~15.67	7.51, n=3

表 6.5 东营凹陷缓坡带滨浅湖环境薄互层砂体储层油气包裹体均一温度

井号	深度/m	个数	荧光	T_h/℃	平均 T_h/℃	共生盐水包裹体 T_h/℃
G891	2808.5	3	黄色	89.7~90.6	90.3	112.2~117
		2	蓝白色	100.8~104.2	102.5	124~129.8
L105	3159.02	4	白色	87.2~97.9	93.4	120.2

样品 8（L105，3159.02m）：石英颗粒愈合缝中的次生包裹体盐度为 3.06~13.18 eq.wt%NaCl，平均为 9.06 eq.wt%NaCl，均一温度为 120~140℃范围内（图 6.14H）。样品 4 中发现了四个赋存于石英颗粒愈合缝中的两相油气包裹体，呈白色荧光，均一温度为 87.2~97.9℃，平均为 93.4℃，与其共生的盐水包裹体均一温度为 120.2℃（表 6.5）。

其他样品中的盐水包裹体个数较少，其测温学特征如表 6.4 所示。

因此，石英颗粒愈合缝中的盐水包裹体盐度和均一温度分布特征与石英加大边中的原生盐水包裹体盐度和均一温度分布特征基本一致。油气包裹体的均一温度一般比与其共生的盐水包裹体的均一温度低 20~30℃。

滨浅湖环境薄互层砂体储层流体包裹体均一温度-盐度交会图分析表明，石英加大边和石英愈合缝中盐水包裹体一般可以分为两组，分别为 QTZ1 和 QTZ2

（图6.15）。QTZ1组包裹体均一温度明显低于QTZ2组包裹体均一温度，两组包裹体盐度无明显差别。碳酸盐胶结物中盐水包裹体主要为一组，记为CCT1。CCT1组包裹体的均一温度一般高于QTZ1组包裹体的均一温度，而与QTZ2组包裹体均一温度相近或高于QTZ2组包裹体均一温度（图6.15）。碳酸盐胶结物中包裹体

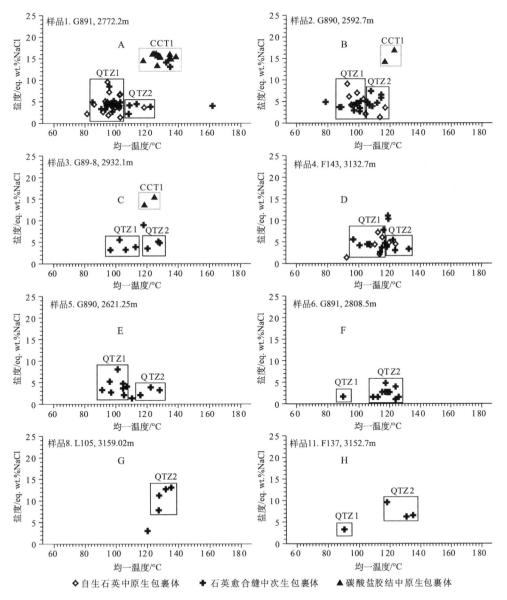

图6.15 东营凹陷缓坡带滨浅湖环境薄互层砂体储层两相盐水包裹体均一温度-盐度交会图

盐度明显高于石英加大边和石英愈合缝中包裹体盐度。因此，通过包裹体均一温度-盐度交会图可将滨浅湖环境薄互层砂体储层自生成岩矿物和石英颗粒愈合缝中盐水包裹体划分为三组，碳酸盐胶结物中包裹体和石英加大边及石英愈合缝中包裹体均一温度交替出现，表明流体包裹体记录了滨浅湖环境储层可能经历了三期成岩流体，并且记录于石英加大边和石英颗粒愈合缝包裹体中的成岩流体性质与记录于碳酸盐胶结物包裹体中的成岩流体性质存在明显的差别。根据包裹体荧光特征和均一温度，可将油气包裹体划分为两组，第一组油气包裹体荧光一般呈黄色，均一温度一般比QTZ1组盐水包裹体均一温度低25℃左右；第二组油气包裹体荧光一般为蓝色或蓝白色，均一温度一般比QTZ2组盐水包裹体低20~30℃，表明两组油气包裹体的形成时间分别与两组石英加大边和石英颗粒愈合缝中的盐水包裹体形成时间相对应。

3. 包裹体激光拉曼光谱特征

研究中主要针对气液两相盐水包裹体进行激光拉曼光谱测试分析，分析结果表明，绝大多数的盐水包裹体在拉曼位移为 $3080\sim3725\mathrm{cm}^{-1}$ 的范围内存在一个高强度的特征峰，在拉曼位移为 $2887\sim2930\mathrm{cm}^{-1}$ 的范围内存在一个强度较低的特征峰（图6.16），前者为水（H_2O）的特征峰，后者为甲烷（CH_4）和其他短链烃类的特征峰。与 H_2O 的特征峰面积相比，CH_4 和其他短链烃类的特征峰的面积非常小，表明薄互层砂体储层盐水包裹体中含有微量的 CH_4 和其他短链烃类（Dubessy et al., 1989）。

4. 包裹体捕获温度和捕获压力

流体包裹体的均一温度是在实验室条件下测得，代表了包裹体的最小捕获温度，对于除沸腾包裹体和处于临界状态的包裹体外的其他包裹体，需进行压力校正才能获得其真正的捕获温度。包裹体激光拉曼光谱分析表明，东营凹陷缓坡带薄互层砂体储层自生成岩矿物和石英颗粒愈合缝中的盐水包裹体一般含有微量的 CH_4 和其他短链烃类（图6.16）。研究表明，对于沉积盆地而言，每千克水中含有0.2摩尔的 CH_4（3200ppm*）是一个合理值（Hanor, 1980）。对于含有微量 CH_4 的盐水包裹体而言，在加热过程中由于 CH_4 的分压作用使得包裹体 P-T 相图中的泡点线压力明显高于纯盐水包裹体的泡点线压力（图6.17），从而使得包裹体捕获温度的压力校正值非常小（Hanor, 1980; Goldstein and Reynolds, 1994）。前人根据实验研究和东营凹陷流体包裹体测试数据分析表明，含有微量 CH_4 的盐水包裹体的捕获温度压力校正值一般小于15℃，并且压力校正值和均一温度之间存在

---

* ppm 即一百万分之一，1ppm=1mg/L。

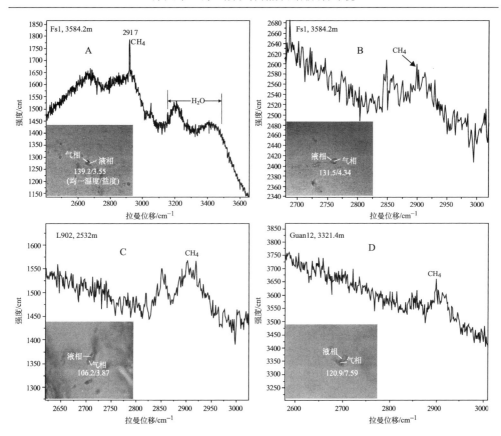

图 6.16　东营凹陷缓坡带薄互层砂体储层两相盐水包裹体激光拉曼光谱特征

良好的正相关关系（周瑶琪等，2011）。因此，结合前人研究，本研究对获得的盐水包裹体的均一温度加上 8~15℃作为其捕获温度，油气包裹体的捕获温度和与其共生的盐水包裹体的捕获温度一致。

利用流体包裹体分析数据重建沉积盆地地层压力演化过程是地层压力研究的重要方法（Munz，2001）。针对不同的适用条件和范围，应用流体包裹体恢复古压力的方法主要包括盐水包裹体均一温度-盐度法、流体包裹体热力学模拟方法、CO_2 容度法、$NaCl-H_2O$ 溶液密度式和等容式法、不混溶流体包裹体法以及 CO_2 拉曼光谱法等，其中，盐水包裹体均一温度-盐度法和流体包裹体热力学模拟方法最为适用于沉积盆地储层包裹体古压力恢复。根据本次研究中包裹体发育特征，本书采用盐水包裹体均一温度-盐度法研究流体包裹体古压力，进而重建东营凹陷缓坡带薄互层砂体储层埋藏演化过程中地层压力演化过程。

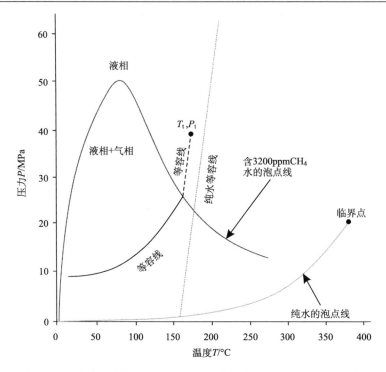

图 6.17 纯水与溶解 3200ppm CH$_4$ 的水的相图（据 Hanor, 1980）

对于不同成分类型的盐水包裹体的 PVTX 性质已有许多实验数据并建立了多种相应的状态方程（卢焕章等，2004）。目前应用最为广泛的是 Zhang 和 Frantz 于 1987 年根据流体包裹体的均一温度、盐度、捕获温度和捕获压力四参数之间存在的函数关系建立的不同成分类型盐水包裹体的状态方程（Zhang and Frantz, 1987），其 P-T 关系一般形式为：

$$P = A_1 + A_2 T \tag{6-1}$$

其中 A_1 和 A_2 为常数，其数值分别为

$$A_1 = 6.100 \times 10^{-3} + (2.385 \times 10^{-1} - a_1) T_h - (2.855 \times 10^{-3} + a_2) T_h^2 - (a_3 T_h + a_4 T_h^2) m \tag{6-2}$$

$$A_2 = a_1 + a_2 T_h + 9.888 \times 10^{-6} T_h^2 + (a_3 + a_4 T_h) m \tag{6-3}$$

式中，P 为捕获压力，bar，1bar=10^{-1}MPa；T 为捕获温度，℃；T_h 为均一温度，℃；m 为包裹体中盐度的摩尔质量浓度，mol/kg；a_1、a_2、a_3 和 a_4 为拟合有关体系数据组获得的常数（表 6.6）。

在包裹体测温学和捕获温度分析的基础上，采用上述方法对东营凹陷缓坡带漫湖环境储层和滨浅湖环境储层盐水流体包裹体捕获压力进行了计算。表 6.7 为

通过均一温度-盐度法计算的部分盐水包裹体的捕获压力。

表6.6 公式（6-2）和公式（6-3）中的参数（Zhang and Frantz, 1987）

成分	a_1	a_2	a_3	a_4
H_2O	2.857×10^1 (7.191×10^{-1})	-6.509×10^{-2} (2.532×10^{-3})		
$NaCl\text{-}H_2O$	2.873×10^1 (4.076×10^{-1})	-6.477×10^{-2} (1.324×10^{-3})	-2.009×10^{-1} (1.597×10^{-1})	3.186×10^{-3} (4.966×10^{-4})
$KCl\text{-}H_2O$	2.846×10^1 (4.337×10^{-1})	-6.403×10^{-2} (1.397×10^{-3})	-2.306×10^{-1} (1.679×10^{-1})	3.166×10^{-3} (5.116×10^{-4})
$CaCl_2\text{-}H_2O$	2.848×10^1 (6.184×10^{-1})	-6.445×10^{-2} (1.985×10^{-3})	-4.159×10^{-1} (5.299×10^{-1})	7.438×10^{-3} (1.742×10^{-3})

注：括号内数值为标准偏差值。

表6.7 东营凹陷缓坡带薄互层砂体储层部分盐水包裹体捕获温度和捕获压力

储层类型	井号	深度/m	宿主矿物	盐度/eq. wt% NaCl	T_h/℃	T/℃	P/MPa
漫湖环境	Fs1	3584.2	自生石英	2.74	130.8	145.8	27
	Fs1	3584.2	碳酸盐胶结物	16.05	149.3	164.3	32.5
	Guan113	2494.49	自生石英	6.59	100.7	109.7	17.1
	Guan113	2494.49	碳酸盐胶结物	22.31	82.3	87.3	12.6
	Guan120	2945.75	自生石英	8.28	118.5	130.5	22.4
	Guan120	2945.75	碳酸盐胶结物	17.43	97.8	105.8	19.2
	L902	2532	自生石英	4.34	105.3	115.3	18.6
滨浅湖环境	G891	2772.2	自生石英	2.24	81.3	89.3	15.1
	L105	3159.02	石英愈合缝	11.22	127.6	142.6	29.4
	F137	3152.7	石英愈合缝	6.59	134.9	149.9	29.6
	W126	3018.3	石英愈合缝	6.16	101.9	116.9	33

第二节 埋藏成岩环境的成岩流体特征

通过碳氧同位素和流体包裹体分析表明，东营凹陷缓坡带薄互层砂体储层埋藏成岩过程中经历了复杂多变的成岩流体演化过程，以流体包裹体分析为基础，结合碳氧同位素分析，分别对漫湖环境储层和滨浅湖环境储层经历的埋藏成岩流体进行研究。

一、漫湖环境储层埋藏成岩环境的成岩流体特征

在包裹体捕获温度计算的基础上,将不同样品的每一个包裹体捕获温度投在相应的埋藏史曲线上(图6.18),即可得到该包裹体的捕获时间,进而得知其记录的流体的活动时间。图6.19为石英加大边及石英颗粒愈合缝和碳酸盐胶结物中四组盐水包裹体记录的漫湖环境储层中成岩流体的活动时间。由于东营凹陷在东营组沉积末期经历了区域构造抬升,使得地层经历了沉降—抬升—再沉降的埋藏演化过程,导致同一包裹体捕获温度在埋藏史曲线上可能对应多个地质时间。

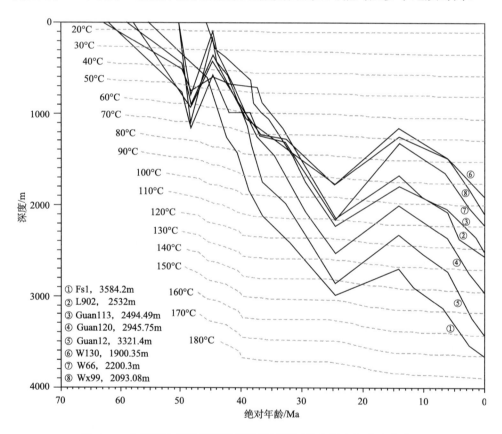

图6.18　东营凹陷缓坡带漫湖环境储层不同井取样点埋藏演化曲线

通过碳酸盐胶结物碳氧稳定同位素计算的 W130 井 1900.35m 方解石的沉淀温度为 76.3℃,与同一样品 CCT1 组盐水包裹体捕获温度基本处于同一温度范围内,而碳氧稳定同位素计算的 Fs1 井 3584.2m 铁白云石和 Guan120 井 2950.6m 铁方解

石的沉淀温度分别为 158℃和 121℃,与同一样品或相近深度样品 CCT2 组盐水包裹体捕获温度基本处于同一温度范围。因此,CCT1 组包裹体一般发育于早期形成的方解石中,而 CCT2 组包裹体一般发育于晚期形成的铁方解石和铁白云石中。漫湖环境薄互层砂体储层成岩作用特征表明,储层中方解石胶结物一般呈基底式或孔隙式产出,而铁方解石和铁白云石一般呈孔隙式且常围绕方解石产出,铁方解石和铁白云石对方解石具有明显的交代作用,表明前者形成时间一般晚于后者,其内部发育的原生流体包裹体具有相同的时间序列。地层水测试分析表明,漫湖环境储层中现今地层水 pH 一般在 5~7,为弱酸性流体(图 6.20),现今地层水盐度一般为 0~10%(图 6.21),因此,CCT2 组盐水包裹体记录的地层流体活动时间可以确定为第一个地质时间(图 6.19B),CCT1 盐水包裹体形成时间早于 CCT2 组,因此,可确定 CCT1 组盐水包裹体形成时间为第一个地质时间(图 6.19C)。

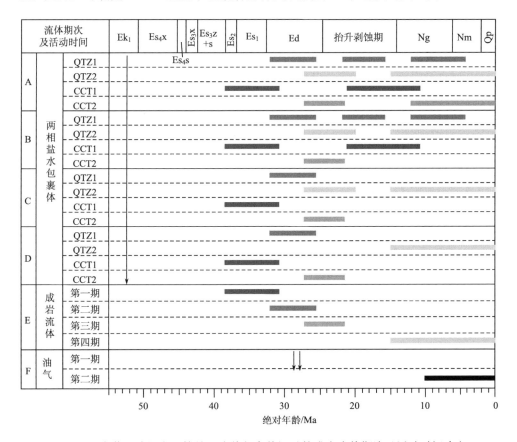

图 6.19　东营凹陷漫湖环境储层流体包裹体记录的成岩流体期次及活动时间确定

基底式方解石胶结的样品中未见石英自生加大发育（图 5.4A），早期发育的碳酸盐胶结物抑制石英加大的发育，且未见方解石交代石英加大现象（图 6.22A），晚期发育的铁方解石及铁白云石对石英加大具有明显的抑制和交代作用，两期石英加大现象仅出现在碳酸盐胶结物含量较低、孔隙大量发育的样品中（图 6.12A 和图 6.22B），因此，QTZ1 组盐水包裹体形成时间晚于 CCT1 组，早于 CCT2 组（图 6.19C），QTZ2 组盐水包裹体晚于 CCT2 组（图 6.19D）。反应不同成岩环境的包裹体不可能形成于同一地质历史时期，也说明了 QTZ2 组盐水包裹体晚于 CCT2 组形成。

因此，东营凹陷缓坡带漫湖环境薄互层砂体储层中发育的四组盐水包裹体的形成顺序由早到晚分别为：CCT1 组、QTZ1 组、CCT2 组和 QTZ2 组，并且通过碳氧同位素分析确定的两期碱性流体的活动特征与流体包裹体记录的基本一致，反映了漫湖环境薄互层砂体储层（除高青地区）埋藏成岩演化过程中经历了多重碱性和酸性成岩流体作用（图 6.19E）。第一期油气包裹体（仅两个包裹体）的捕获时间为距今 28.7~27.8Ma，第二期油气包裹体的捕获时间为距今 10Ma 之后（图 6.19F）。

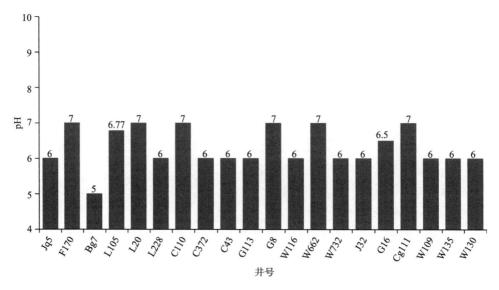

图 6.20　东营凹陷缓坡带漫湖环境薄互层砂体储层现今地层流体 pH

第一期成岩流体记录于方解石胶结物中的盐水包裹体中，反映了红层储层成岩演化早期的成岩流体特征。盐水包裹体测试分析表明第一期流体盐度高达 17~23 eq.wt%NaCl（图 6.23）。Guan112 井 3172~3188m 漫湖环境泥岩全岩 X 衍射测试表明，泥岩中碳酸盐和硫酸盐总含量平均为 20%左右（王健等，2012），

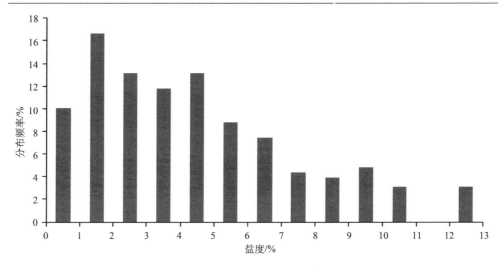

图 6.21　东营凹陷缓坡带漫湖环境薄互层砂体储层现今地层流体盐度

图 6.22　东营凹陷缓坡带漫湖环境储层石英加大边特征

A. Guan113 井，2494.49m，自生石英生长受方解石抑制（+），Es4x^s； B. Guan113 井，2483.53m，两期石英加大边平直（−），Es4x^s

表明通过盐水包裹体测得的盐度较为准确。相应的碳氧同位素分析表明第一期成岩流体具有漫湖砂体沉积晚期湖泊水体特征，证实了储层成岩演化早期的地层流体主要受包含在沉积物颗粒之间的原生沉积水控制（Santschi *et al*., 1990; Shaw *et al*., 1990）。东营凹陷漫湖-盐湖沉积背景下，气候干旱，水体环境较为封闭，碎屑沉积与膏盐岩共生（操应长等，2011；王健等，2012），表明沉积水呈高盐度碱性特征（钱凯等，1982）。东营凹陷孔一段—沙四下亚段平均古地温梯度高达 5.35℃/100m（邱楠生等，2004）。较高的古地温梯度、湖水盐度和金属阳离子含量及碱性地层流体有利于互层泥岩中黏土矿物的转化（Bristow and Milliken,

2011),漫湖环境 1500~3500m 范围内的泥岩中高岭石含量一般小于20%,绿泥石含量一般大于35%,伊利石含量最高可达40%以上,伊蒙混层含量一般小于40%,伊蒙混层比在2250m之上一般在40%~60%,而2250m之下迅速降低为20%左右(图6.24),表明漫湖环境储层埋藏初期,互层泥岩中高岭石、蒙脱石即向伊利石、绿泥石快速转化,且转化程度高,黏土矿物转化过程中释放出大量的 Ca^{2+}、Na^+、Fe^{2+}、Mg^{2+}、Si^{4+} 等金属阳离子(隋风贵等,2007),使流体盐度进一步增加。第一期地层流体使得储层中发生了大量的早期碳酸盐、硫酸盐胶结物,表明其为碳酸盐型水和硫酸盐型水,与青藏高原现今湖泊盐度与 pH 的关系相类比表明(图6.25)(Zheng and Liu, 2009),第一期流体 pH 大于8.7,为强碱性特征(图6.26)。包裹体分析表明第一期成岩流体主要作用于沉积初期至距今31.3Ma以前(图6.26)。

第二期成岩流体记录于石英加大及石英颗粒裂缝中的盐水包裹体中,流体盐度集中分布在 3~7 eq.wt%NaCl 范围内,盐度相对较低(图6.23)。包裹体 pH 采用刘斌(2011)的方法,该方法适用于简单 NaCl-H$_2$O 体系包裹体,解决了不同条件下,特别在较高温度、压力下捕获的水溶液包裹体 pH 的计算难题。采用该方法计算的流体 pH 分布在 5.6~6.1 范围内,呈酸性特征(图6.26和图6.27A)。与石英颗粒愈合缝中盐水包裹体同时捕获的黄色荧光油气包裹体表明,这一期酸性流体伴随着低熟油的充注过程。油源对比表明,东营凹陷漫湖环境薄互层砂体

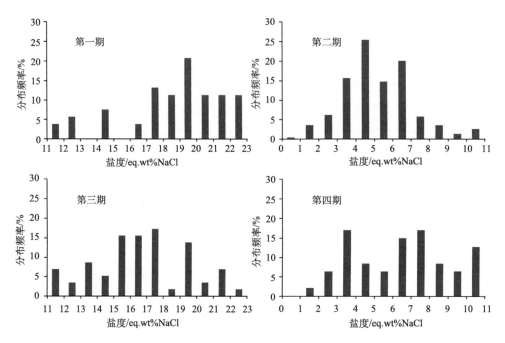

图6.23 东营凹陷漫湖环境薄互层砂体储层四期成岩流体盐度特征(除高青地区)

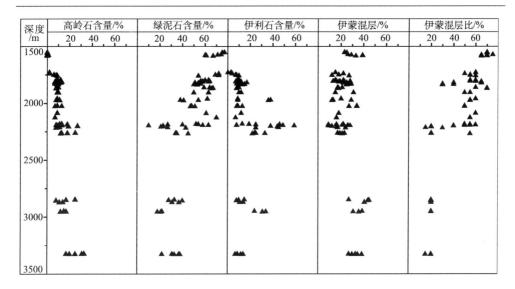

图 6.24　东营凹陷缓坡带漫湖环境泥岩中黏土矿物含量及垂向分布特征

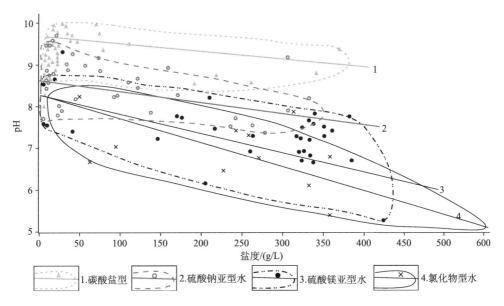

图 6.25　青藏高原湖泊盐度和水化学类型与 pH 相关图（Zheng and Liu，2009）

储层中的油气主要来自沙四上亚段烃源岩，即沙四上亚段烃源岩埋藏演化过程中释放的有机酸对储层成岩作用具有明显的影响。地层中有机酸的最佳形成和保存温度为 80~120℃（Surdam *et al.*，1989），东营凹陷南部洼陷带沙四上亚段烃源岩埋藏演化史分析表明，在距今 35.1~26.9Ma，烃源岩处于温度为 80~120℃ 的成熟阶段早期，释放出大量的有机酸和少量低熟油，有机酸逐渐中和早期碱性流体，使得储层流体由碱性转为酸性，形成了酸性成岩环境，这与石英加大中包裹体记录的距今 31.3~26.4Ma 的流体活动时间基本一致（图 6.26）。碳酸盐碳氧同位素分析同样证明在第一期碱性和第二期碱性流体作用之间存在一期受有机酸控制的酸性地层流体对储层成岩作用产生影响。这一期酸性流体的活动伴随着少量低熟油气的充注（图 6.26）。

第三期成岩流体记录于铁方解石及铁白云石胶结物中的盐水包裹体中，流体盐度集中为 15~20 eq.wt%NaCl，盐度较高（图 6.23），反映了漫湖环境薄互层砂体储层晚期碱性流体作用特征。随着埋藏深度的增加，当地层温度达到 100℃时，洼陷带发育的膏盐岩开始脱出碱性水（Jowett *et al*., 1994），但是此时正处于有机酸大量生成阶段，碱性流体被大量酸性流体中和；东营凹陷埋藏演化分析表明，距今 26.9~19.8Ma 时，地层温度达到 120~150℃，有机酸开始大量脱羧分解，膏岩层大量脱出富含金属阳离子的碱性流体（Jowett *et al*., 1994），使得地层流体由酸性变为碱性，形成了晚期碱性环境，这与晚期铁方解石及铁白云石中包裹体记录的距今 26.4~21.4Ma 的流体活动时间基本一致（图 6.26）。铁方解石和铁白云石胶结物碳氧同位素特征同样证明了晚期碱性流体与有机酸脱羧作用有关。这一期碱性流体在储层中引起了较为强烈的晚期铁方解石和铁白云石胶结作用，表明地层水为碳酸盐型，与青藏高原现今湖泊盐度与 pH 的关系相类比表明（图 6.25），流体 pH 大于 9，为强碱性特征（图 6.26）。研究表明，沙四上亚段烃源岩早期排低熟油阶段可持续至距今 24.6Ma（朱光有等，2004），这一期碱性流体活动过程中可能伴随着少量的低熟油的充注（图 6.26）。

第四期成岩流体记录于石英加大边及石英颗粒愈合缝中的盐水包裹体中，流体盐度集中为 3~11 eq.wt%NaCl，盐度相对较低（图 6.23），计算的流体 pH 为 5.5~6.0，呈酸性特征（图 6.27）。距今 24.6Ma 时期，东营凹陷经历了区域构造抬升运动；距今 21.4Ma 之后，沙四上亚段烃源岩重新进入生成有机酸的温度范围内，使得地层流体由碱性变为酸性；在距今 10Ma 之后，地层温度再次超过 120℃，烃源岩达到热演化成熟阶段，开始大量生成成熟度较高的油气，是漫湖环境薄互层砂体储层中主要的油气充注时期（图 6.26）。随着地层温度的升高地层流体中有机酸含量逐渐降低，而 CO_2 含量及分压逐渐增加，控制了后期地层流体 pH 特征，使得地层流体呈弱酸性（图 6.26）。

总体而言，东营凹陷缓坡带漫湖环境薄互层砂体储层（除高青地区）埋藏演化过程中经历了早期碱性、早期酸性、晚期碱性和晚期酸性流体演化过程，使得储层中具有多重碱性及酸性成岩环境交替演化特征，碱性成岩环境相对较强（图 6.26）。储层埋藏过程中经历了两期油气充注，以距今 10Ma 之后的第二期高熟油为主（图 6.26）。

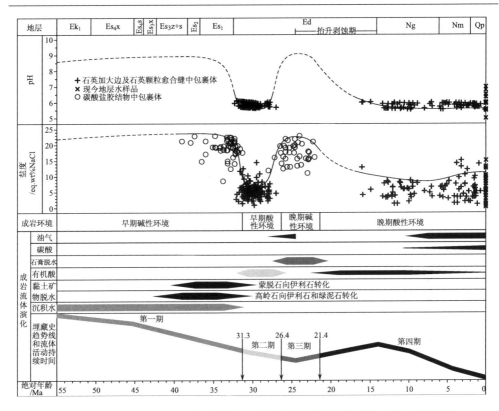

图 6.26　东营凹陷缓坡带漫湖环境薄互层砂体储层成岩流体演化（除高青地区）

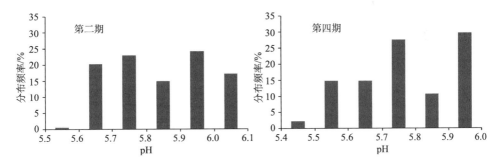

图 6.27　东营凹陷缓坡带漫湖环境薄互层砂体储层两期酸性流体 pH（除高青地区）

钻井资料和地震资料分析表明，青城凸起上表现为孔一段—沙四下亚段顶部削截，与上覆的馆陶组地层呈不整合接触，表明东营凹陷孔一段—沙四下亚段沉积时期青城凸起接受沉积，并未形成正向构造带（吴智平等，2012）。青城凸起北部高青地区孔一段—沙四下亚段地层呈现为南部翘倾的单斜特征，顶部与不整合面接触。在沙三期沉积以来（距今约 40.1Ma），青城凸起及其北部高青地区开始抬升剥蚀（于建国等，2009）。

在青城凸起抬升剥蚀之前，高青地区漫湖环境储层处于埋藏状态，其早期的成岩流体与其他缓坡带地区漫湖环境储层成岩流体一致，主要为原生沉积水和互层泥岩成岩作用释放的流体，具有高盐度、强碱性特征，在储层中引起了强烈的早期碳酸盐胶结作用，砂体边缘发育的基底式方解石胶结作用证实了高青地区漫湖环境储层早期埋藏阶段发育的碱性成岩环境（图 6.28）。沙三段沉积以来，由于青城凸起的形成，高青地区开始抬升遭受剥蚀（于建国等，2009），这一时期漫湖环境储层成岩流体主要为大气淡水。通过氧同位素计算的高青地区 G16 井、G41 井和 G58 井碳酸盐胶结物沉淀温度为 30.1~41.9℃，接近近地表温度，表明碳酸盐胶结物的形成受大气淡水的淋滤作用控制，其物质来源可能是储层中早期形成的方解石胶结物。馆陶组开始沉积时期，东营凹陷开始整体沉降，青城凸起和高青地区再次接受沉积，漫湖环境储层再次进入埋藏状态，大气淡水对储层成岩作用的影响停止，这一时期储层中成岩流体与缓坡带其他地区漫湖环境储层中成岩流体基本一致，主要为受有机酸控制的酸性流体。

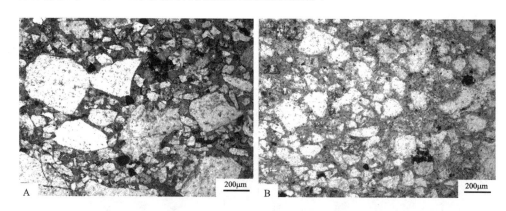

图 6.28　东营凹陷高青地区漫湖环境储层砂体边缘基底式方解石胶结作用

A. G41 井，1102.65m，基底式方解石胶结（−）；B. G57 井，1022.59m，基底式方解石胶结（−）

因此，高青地区漫湖环境储层主要经历了三期成岩流体演化。第一期成岩流体作用于青城凸起抬升剥蚀之前（距今大约 40.1Ma），储层处于埋藏成岩环境，地层流体为赋存与储层中的原生沉积水和互层泥岩成岩演化流体，盐度与 pH 与其他地区漫湖环境储层第一期成岩流体基本一致，呈高盐度、强碱性特征（图 6.29）；第二期成岩流体作用于青城凸起抬升剥蚀至馆陶组开始沉积时期，这一时期储层处于表征成岩环境，地层流体主要为大气淡水，受溶解于其中的 CO_2 的影响（黄思静等，2003），流体呈弱酸性-中性特征（图 6.29）；第三期成岩流体作用于馆陶组沉积之后至今，这一时期储层再次进入埋藏环境，成岩流体主要为有机酸控制的酸性地层流体，盐度和 pH 与其他地区漫湖环境储层第四期成岩流体基本一致，并且伴随着油气的充注过程（图 6.29）。

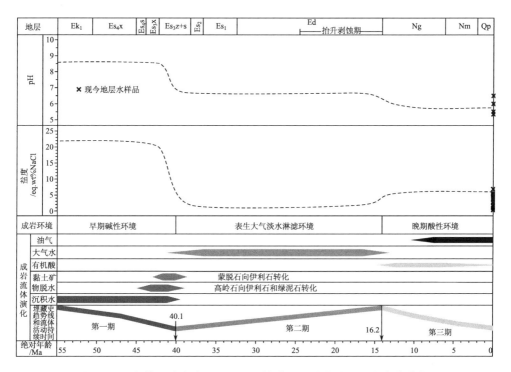

图 6.29　东营凹陷高青地区漫湖环境薄互层砂体储层成岩流体演化

二、滨浅湖环境储层埋藏成岩环境的成岩流体特征

通过包裹体捕获温度和相应埋藏史图分析，获得了滨浅湖环境储层中发育的 QTZ1、QTZ2 和 CCT1 共三组盐水包裹体的捕获时间（图 6.30）。由于东营组沉积末期发育的区域构造抬升，同样使得同一包裹体捕获温度在埋藏史曲线上可能对应多个地质时间（图 6.30A）。

地层水测试分析表明，滨浅湖环境储层中现今地层水 pH 一般在 5~7，仅少量分布在 7~7.5，主要呈弱酸性特征（图 6.31），现今地层水盐度一般为 0~9%（图 6.32），因此，CCT1 组盐水包裹体记录的地层流体活动时间可以确定为第一个地质时间（图 6.30B）。通过碳酸盐胶结物碳氧稳定同位素计算的 G890 井 2772.2m 铁白云石的沉淀温度为 135.7℃，与同一样品 CCT1 组盐水包裹体捕获温度基本处于同一温度范围内。因此，CCT1 组包裹体一般发育于晚期形成的铁白云石中。

滨浅湖环境薄互层砂体储层中常可见到明显的白云石、铁白云石交代石英加大边现象，表明石英加大边的形成早于铁白云石，与发育其中的原生包裹体具有相同的时间次序。因此，可以确定QTZ1组包裹体形成于CCT1组包裹体之前（图6.30C）。形成于酸性成岩环境和碱性成岩环境中的包裹体不会出现于同一地质时期内，因此，可以确定以次生包裹体为主的 QTZ2 组包裹体形成时间（图 6.30C）。岩石薄片观察表明，滨浅湖环境薄互层砂体储层中发育有一定量的早期方解石胶结物，被晚期形成的铁白云石和铁方解石交代，反映了滨浅湖环境储层埋藏早期可能发育的碱性成岩环境。

因此，东营凹陷缓坡带滨浅湖环境薄互层砂体储层中同样发育了四期成岩流体，具有酸碱交替的演化特征（图 6.30D）。第一期油气包裹体的捕获时间为距今 28.1~25.7Ma，第二期油气包裹体的捕获时间为距今 6.3Ma 之后（图 6.30E）。

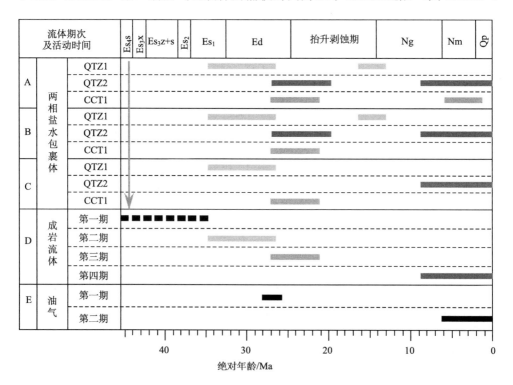

图 6.30　东营凹陷滨浅湖环境储层流体包裹体记录的成岩流体期次及活动时间确定

第一期成岩流体无流体包裹体记录，分析获得的三组包裹体的形成时间，并与漫湖环境储层成岩流体演化类比表明，滨浅湖环境储层中第一期成岩流体可能主要受原生沉积水和互层泥岩成岩演化水的控制。前述沉积环境特征表明，与东营凹陷孔一段—沙四下亚段沉积时期相比，沙四上亚段沉积时期气候相对潮湿，

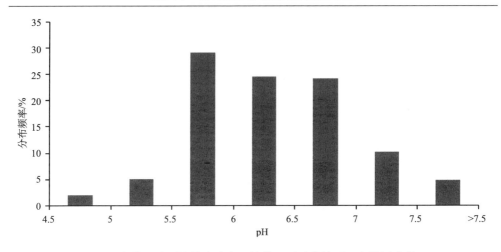

图 6.31 东营凹陷缓坡带滨浅湖环境薄互层砂体储层现今地层流体 pH

湖泊盐度相对降低。与滩坝砂体同时期发育的湖相碳酸盐岩特征在一定程度上能够反映湖泊原生沉积水的特征。东营凹陷沙四上亚段滩坝砂体同时期发育的碳酸盐岩岩性主要为灰质白云岩,其中方解石含量较低,以白云石为主,白云石 $\delta^{13}C$ 和 $\delta^{18}O$ 特征见表 6.8。碳酸盐岩 $\delta^{18}O$ 反映了湖泊古盐度特征,通过沈吉等研究内陆封闭湖泊古水温定量分析时建立的古盐度与氧同位素(SMOW 标准)的函数关系(沈吉等,2001b),计算获得东营凹陷沙四上亚段滩坝砂体沉积时期古湖泊盐度为 3.38%~3.89%(表 6.8)。由于沙四上亚段碳酸盐岩主要由白云石组成,因此按照白云石的分子式,通过摩尔质量将盐度换算为等效 NaCl 重量百分数,获得的古湖泊盐度约为 10.63~12.24 eq.wt%NaCl(表 6.8),与漫湖环境原生沉积水盐度相比明显偏低。

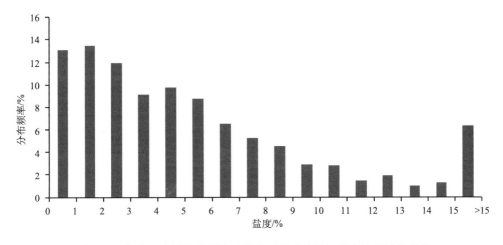

图 6.32 东营凹陷缓坡带漫湖环境薄互层砂体储层现今地层流体盐度

表 6.8 利用 C11 井碳氧同位素计算的东营凹陷沙四上亚段滨浅湖环境原生沉积水盐度

序号	深度/m	岩性	矿物	$\delta^{13}C$/‰, PDB	$\delta^{18}O$/‰, PDB	$\delta^{18}O$/‰, SMOW	盐度/%	盐度/eq.wt%NaCl
1	2223	灰质白云岩	白云石	1.616	−1.502	29.36	3.38	10.63
2	2245.2	灰质白云岩	白云石	−2.901	−1.265	29.61	3.44	10.82
3	2258	灰质白云岩	白云石	−2.011	0.331	31.25	3.89	12.24
4	2296.3	灰质白云岩	白云石	−4.772	−0.711	30.18	3.59	11.29
5	2298.6	灰质白云岩	白云石	−5.476	−1.123	29.75	3.48	10.95

注：碳氧同位素数据来自于文献（宋明水，2005）。

东营凹陷沙四上亚段沉积时期平均古地温梯度为 4.6℃/100m（邱楠生等，2004），与孔一段—沙四下亚段相比较低。较低的古地温梯度和湖泊古盐度不利于泥岩层中黏土矿物的快速转化。东营凹陷缓坡带滨浅湖环境互层泥岩中黏土矿物在垂向上可划分出三个转化带（图 6.33）。地层埋深在 1750m 之上时，泥岩中黏土矿物以高岭石和蒙脱石为主，高岭石含量可达 50%，伊蒙混层含量一般大于 60%，伊蒙混层比一般大于 50%，这一阶段地层温度一般小于 80℃，泥岩成岩作用主要为压实作用和少量的蒙脱石向伊利石转化，释放出大量的吸附原生沉积水；当埋藏深度在 1750~2650m 时，高岭石含量最高可达 70%以上，伊利石和绿泥石含量均明显增加，伊蒙混层含量明显降低，伊蒙混层比一般为 20%~50%，这一阶段地层温度达到 80~120℃，蒙脱石向伊利石快速转化，释放出大量的 Ca^{2+}、Fe^{2+}、Na^+ 和 Mg^{2+} 等金属阳离子，使得砂体边缘盐度增加；当埋藏深度大于 2650m 时，高岭石含量小于 50%，伊利石含量可达 60%以上，绿泥石含量可达 50%，伊蒙混层含量一般小于 50%，伊蒙混层比一般小于 20%，这一阶段地层温度大于 120℃，蒙脱石向伊利石转化逐渐停止，而高岭石向伊利石和绿泥石快速转化，释放出大量的金属阳离子。因此，储层埋藏早期，互层泥岩中黏土矿物转化程度弱，释放出的少量流体对储层影响较小，早期成岩流体以原生沉积水为主。

由于气候相对潮湿，入湖淡水量增加，湖泊水体范围扩大，水体 pH 降低，通过有机碳含量计算的沙四上亚段湖泊水体 pH 一般小于 8.72，为弱碱性特征[①]。因此，东营凹陷缓坡带滨浅湖环境储层第一期成岩流体呈盐度相对较高的弱碱性特征，主要作用于距今 34.8Ma 以前（图 6.34）。

---

① 赵伟，东营凹陷古近系沙四上亚段滩坝砂体固体-流体相互作用与有效储层预测，中国地质大学（北京）博士学位论文，2011。

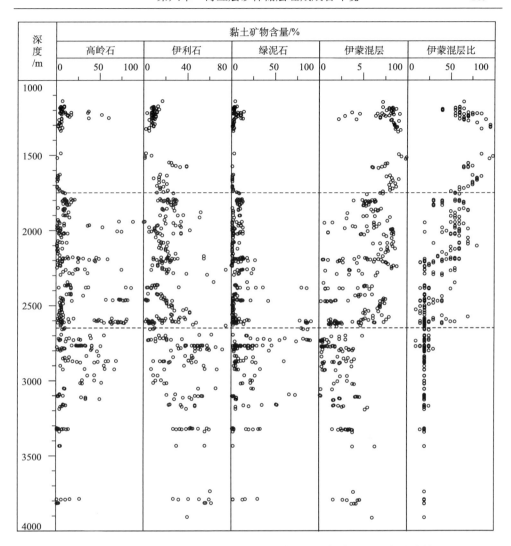

图 6.33 东营凹陷缓坡带滨浅湖环境泥岩中黏土矿物含量及垂向分布特征

第二期成岩流体主要记录于石英加大边及石英颗粒愈合缝中发育的包裹体中，流体盐度集中分布在 1~6 eq.wt%NaCl 范围内，盐度相对较低（图 6.34）。计算的流体 pH 分布在 5.37~5.88 范围内，呈酸性特征（图 6.34）。与石英颗粒愈合缝中盐水包裹体同时捕获的黄色和黄绿色荧光油气包裹体表明，这一期酸性流体伴随着低熟油的充注过程。油源对比表明，东营凹陷滨浅湖环境薄互层砂体储层中的油气主要来自沙四上亚段烃源岩，即沙四上亚段烃源岩埋藏演化过程中释放的有机酸对储层成岩作用具有明显的影响。东营凹陷南部洼陷带沙四上亚段烃源岩埋藏演化史分析表明，在距今 35.1~26.9Ma，烃源岩处于温度为 80~120℃ 的有利生有机酸范围内，释放出大量的有机酸和少量低熟油，有机酸逐渐中和早期碱性流体，使得储层流体由弱碱性转为酸性，形成了酸性成岩环境，这与石英加大中包裹体记录的距今 34.8~24.9Ma 的流体活动时间基本一致（图 6.34）。黏土矿物转化特征表明，这一时期伴随着蒙脱石向伊利石快速转化过程，在砂体边缘可能发育盐度相对较高、pH 相对较高的流体。

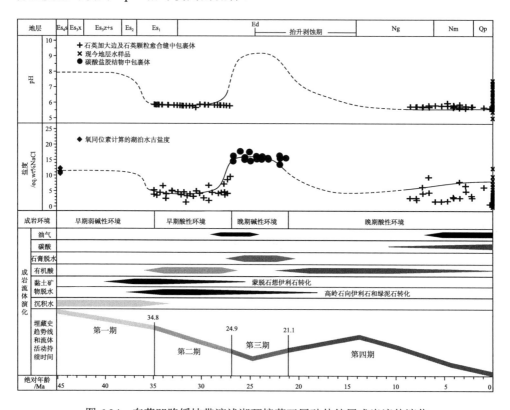

图 6.34　东营凹陷缓坡带滨浅湖环境薄互层砂体储层成岩流体演化

第三期成岩流体记录于铁白云石胶结物中的盐水包裹体，反映了碱性流体特征，盐度较高，一般在 15 eq.wt%NaCl 以上，流体主要来自于膏盐岩热演化水和有机酸脱羧作用形成的碱性流体。黏土矿物的第二次快速转化时间与流体包裹体记录的第三期成岩流体作用时间基本一致，黏土矿物大量脱水释放出的金属阳离子使得地层流体盐度进一步增加。这一期碱性流体在储层中引起了较为强烈的晚期铁方解石和铁白云石胶结作用，表明地层水为碳酸盐型，与青藏高原现今湖泊盐度与 pH 的关系相类比表明，流体 pH 大于 9，为强碱性特征（图 6.34）。第三期流体主要作用于距今 24.9~21.1Ma（图 6.34），伴随着低熟油的充注过程。

第四期成岩流体主要记录于石英颗粒愈合缝中的盐水包裹体中，流体盐度集中分布在 2~8 eq.wt%NaCl，盐度相对较低（图 6.34），流体 pH 为 5.64~6.08，呈酸性特征（图 6.34）。距今 24.6Ma 时期，东营凹陷经历了区域构造抬升运动，沙四上亚段烃源岩重新进入生有机酸的温度范围内，使得地层流体由碱性变为酸性，在距今 10Ma 之后，地层温度再次超过 120℃，烃源岩达到热演化成熟阶段，开始大量生成成熟度较高的油气，是滨浅湖环境薄互层砂体储层中主要的油气充注时期（图 6.34）。随着地层温度的升高地层流体中有机酸含量逐渐降低，而 CO_2 含量及分压逐渐增加，控制了后期地层流体 pH 特征，使得地层流体呈弱酸性（图 6.34）。

总体而言，东营凹陷缓坡带滨浅湖环境薄互层砂体储层埋藏演化过程中经历了早期弱碱性、早期酸性、晚期碱性和晚期酸性流体演化过程，酸性成岩环境相对较强（图 6.34）。储层埋藏过程中经历了两期油气充注，以距今 10Ma 后的第二期高熟油为主。

第三节　埋藏成岩环境的封闭性特征

含油气盆地在埋藏演化过程中，由于地层温度和压力的差异而引起地层流体的流动方式不同，据此可将成岩环境分为开放性成岩环境和封闭性成岩环境（袁政文，1993）。开放性成岩环境和封闭性成岩环境在地层温度、压力、地层流体的流动方式等方面都存在明显的差异，开放性成岩环境地层压力一般为常压，地层流体常为具有大范围流动特征的上升流和下降流，成岩环境与外界具有明显的物质交换（陈丽华等，1999）；封闭性成岩环境地层压力一般为超压，地层流体的流动常常会受到限制，一般表现为小范围的流动特征，成岩环境处于封闭状态，停止与外界进行物质交换（崔勇、赵澄林，2002；马维民等，2005）。因此，研究成岩环境的封闭性，首先需要确定地层压力的演化过程。

一、地层压力特征

在盐水包裹体捕获压力计算的基础上，综合前人分析数据，结合捕获温度和埋藏史分析，对东营凹陷缓坡带漫湖环境薄互层砂体储层和滨浅湖薄互层砂体储层地层压力演化进行了研究。

漫湖环境薄互层砂体储层埋藏过程中地层压力经历两个明显的增压旋回（图6.35），第一个增压旋回发育在沉积初期至距今 24.6Ma 之前，随着埋藏深度的增加，地层压力呈现出逐渐增大的特征，在东营组沉积末期，地层压力达到最大，这一旋回内地层压力系数一般为 0.8~1.2，地层压力以常压和弱超压为主。第二个增压旋回发育在距今 15Ma 之后，压力系数同样主要为 0.8~1.2，地层压力以常压和弱超压为主。漫湖环境薄互层砂体储层现今地层压力系数主要分布在 0.8~1.2，与第二个增压旋回地层压力演化规律相匹配。在东营组沉积末期（距今 24.6Ma），区域构造抬升运动使得地层压力发生泄漏，地层压力由弱超压-常压转变为常压特征。漫湖环境储层埋藏演化过程中，盆地内部的地层压力系数相对较高，发育了一定规模的弱超压，而盆地边缘则主要为常压特征，压力系数表现为由盆地内部向边缘降低的特征。

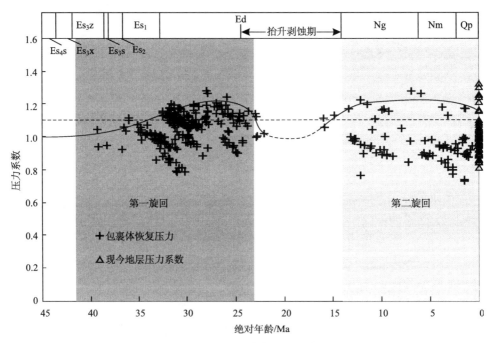

图 6.35 东营凹陷缓坡带漫湖环境薄互层砂体储层地层压力演化

滨浅湖环境薄互层砂体储层埋藏演化过程中地层压力同样经历了两个明显的增压旋回，第一个增压旋回主要发育在储层沉积初期至距今 24.6Ma 之前，第二个增压旋回主要发育在距今 13Ma 之后，西段和东段储层压力演化特征存在明显的区别（图 6.36）。第一个增压旋回内，缓坡带西段地层压力系数主要分布在 0.9~1.2，地层压力以常压为主，仅在东营组沉积末期地层压力系数达到 1.2 左右，发育了规模较小的弱超压；缓坡带东段地层压力系数一般大于 1.2，甚至高达 1.5，地层压力表现为明显的中超压-强超压特征。这一增压旋回内地层压力发育主要受泥岩欠压实作用控制，早期的烃源岩生烃作用在一定程度上增强了地层压力（李阳等，2008；Guo et al.，2010；刘士林等，2010；张守春等，2010）。东营凹陷沙四上亚段、沙三下亚段和沙三中亚段下部发育了区域分布的厚层泥岩和油页岩沉积，在沙三中亚段和沙三上亚段沉积时期，受东营三角洲沉积的影响，缓坡带东部沉

第六章　薄互层砂体储层埋藏成岩环境

积速率达 700m/Ma（李阳等，2008），快速的沉积速率导致早期沉积的厚层泥岩和油页岩欠压实作用明显。东营组沉积末期，沙四上亚段烃源岩剩余压力最大在 12MPa 以上（图 6.37A），使得沙四上亚段储层中发育了中强超压。由于东营凹陷缓坡带西段区域发育的厚层泥岩、页岩之上无大型的三角洲发育，沉积速率较小，欠压实作用相对较弱，东营组沉积末期沙四上亚段烃源岩剩余压力一般小于 6MPa（图 6.37A），沙四上亚段储层中以发育常压和弱超压为主。第二个增压旋回内西段和东段地层压力系数一般均大于 1.1，最大可达 1.5 以上，现今地层压力系数最高可达 1.6，以发育中超压-强超压为主。这一旋回内地层超压的发育主要受烃源岩生烃增压控制（Guo et al., 2010; 刘士林等，2010; 张守春等，2010）。在明化镇组沉积末期，东营凹陷沙四上亚段烃源岩处于埋藏演化成熟阶段，缓坡带东段烃源岩剩余压力最高可达 21MPa，西段烃源岩剩余压力可达 15MPa，且分

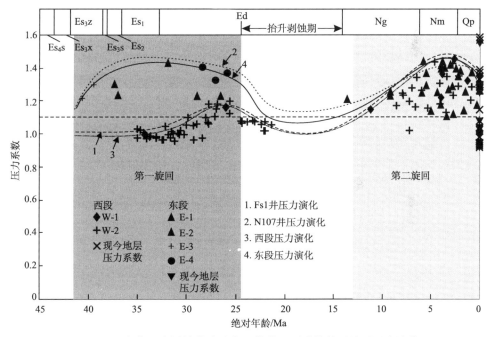

图 6.36　东营凹陷缓坡带滨浅湖环境薄互层砂体储层地层压力演化

W-1 和 E-1、E-2、E-3 包裹体分析数据来分别来自于文献（陈红汉等，2007[①]; 李善鹏等，2004）；W-2 和 E-4 包裹体分析数据为本书所测；1. Fs1 井压力演化来自于文献（李阳等，2008）；2. N107 井压力演化来自于文献（李阳等，2008）

[①] 陈红汉，李纯泉，蔡李梅等，"相-势"控藏中古流体势场的量化研究，中国地质大学（武汉）项目报告，2007。

布范围明显增大,在沙四上亚段西段和东段储层中形成了中超压-强超压特征(图6.37B)。在东营组沉积末期,由于区域构造抬升运动,东营凹陷缓坡带沙四上亚段储层超压发生明显泄漏,西段地层压力由弱超压转变为常压,东段地层压力由中强超压转变为弱超压-常压,仅在牛庄洼陷内部发育规模较小的中超压。通过盆地数值模拟分析获得的西段 Fs1 井和东段 N107 井沙四上亚段地层压力演化曲线与通过流体包裹体获得的地层压力演化曲线对应良好(图6.36),进一步证实了滨浅湖环境储层西段和东段地层压力演化的差异性。

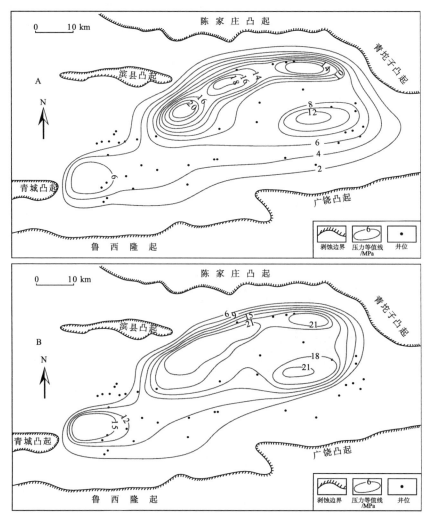

图 6.37 东营凹陷东营组沉积末期(A)和明化镇组沉积末期(B)沙四上亚段烃源岩剩余压力(据张守春等,2010)

二、成岩环境封闭性特征

通过地层压力演化特征分析表明，东营凹陷缓坡带漫湖环境薄互层砂体储层在埋藏过程中地层压力主要发育常压和弱超压，且以常压为主，因此，漫湖环境储层埋藏过程中以开放性成岩环境为主。由于盆地内部压力系数相对较高，盆地边缘压力系数相对较低，因此，受由盆地内侧向外侧运移的压实流作用的影响，漫湖环境储层（除高青地区）地层流体流动方式主要为上升流。高青地区由于受不整合的影响，大气淡水作用明显，地层流体流动方式主要为下降流。

东营凹陷缓坡带西段和东段滨浅湖环境储层地层压力演化规律分析表明，西段储层在距今 24.6Ma 之前地层压力以常压和弱超压为主，发育开放性成岩环境，地层流体流动方式同样主要为受压实流控制的上升流；在距今 24.6~13Ma，由于构造抬升运动，西段储层地层压力同样以常压为主，仍发育开放性成岩环境，地层流体流动方式仍表现为上升流；距今 13Ma 之后，地层压力主要表现为中超压-强超压，以发育封闭性成岩环境为主，地层流体流动受阻。东段储层在距今 24.6Ma 之前地层压力以中超压-强超压为主，主要发育封闭性成岩环境，地层流体流动困难，与外界物质交换基本停止；在距今 24.6~13Ma，由于区域构造抬升运动，储层中早期发育的超压发生泄漏，地层压力主要为弱超压-常压特征，成岩环境由封闭转变为开放，地层流体流动方式主要为上升流；在距今 13Ma 之后，地层压力再次由弱超压-常压转变为中超压-强超压，成岩环境由开放转变为封闭。因此，西段滨浅湖环境储层经历了早期开放—中期开放—晚期封闭的成岩环境封闭性演化过程，而东段滨浅湖环境储层经历了早期封闭—中期开放—晚期封闭的成岩环境封闭性演化过程。

第四节 薄互层砂体储层的埋藏成岩环境

一、成岩演化序列

成岩环境的演化破坏了储层中早期的物理化学平衡状态，导致原先的成岩事件终止，而新的成岩事件开始活跃，从而一系列的成岩事件演化序列。具有不同成岩环境演化过程的储层中发育的成岩序列明显不同。

漫湖环境薄互层砂体储层（除高青地区）成岩流体经历了早期强碱性、早期强酸性、晚期强碱性和晚期酸性演化过程，相应地，储层整体上具有早期碳酸盐、硫酸盐胶结/早期石英溶解→长石、碳酸盐胶结物溶解/自生石英胶结→晚期碳酸盐、硫酸盐胶结/晚期石英溶解→晚期长石、碳酸盐胶结物溶解/少量自生石英胶结的成岩演化序列。

高青地区漫湖环境储层成岩流体经历早期强碱性、中期大气淡水淋滤、晚期酸性演化过程，相应地，储层整体上具有早期碳酸盐胶结/早期石英溶解→长石、碳酸盐胶结物溶解（淋滤带内）/自生石英、碳酸盐胶结物胶结（沉淀带内）→晚期长石、碳酸盐胶结物溶解/少量自生石英胶结的成岩演化序列。

滨浅湖环境薄互层砂体储层成岩流体经历了早期弱碱性、早期强酸性、晚期强碱性、晚期酸性演化过程，并且在早期强酸性成岩环境阶段，受互层泥岩中黏土矿物第一快速转化阶段的影响，砂体边缘可能局部发育碱性环境，相应地，储层整体上经历了早期碳酸盐弱胶结→长石、碳酸盐胶结物溶解/自生石英胶结（砂体边缘早期碳酸盐胶结）→晚期碳酸盐胶结、长石加大/晚期石英溶解→晚期长石、碳酸盐胶结物溶解/少量自生石英胶结的成岩演化序列。

受储层发育位置、地层流体流动方式和油气充注的影响，不同位置储层中发生的成岩作用强度不同，使得不同位置储层中成岩演化序列的某一阶段成岩作用强度及其对储层物性的影响存在明显的差异，甚至缺失成岩演化序列的某些阶段。例如，在漫湖环境薄互层砂体储层中，由于砂体边缘发育的早期碳酸盐强胶结作用，使得砂体边缘储层致密，后期地层流体难以进入其中对其改造，其成岩演化序列仅发育早期碳酸盐强胶结这一阶段，但其他位置储层却继续经历后续的成岩改造过程，发育成岩序列的其他阶段。

二、埋藏成岩环境差异

通过对漫湖环境和滨浅湖环境薄互层砂体储层埋藏过程中成岩流体特征和成岩环境封闭性特征分析表明，东营凹陷缓坡带薄互层砂体储层主要发育以下类型的埋藏成岩环境。

漫湖环境薄互层砂体储层（除高青地区）经历了早期碱性成岩环境—早期酸性成岩环境—晚期碱性成岩环境—晚期酸性成岩环境的成岩流体演化过程，表现为多重酸碱成岩环境交替演化的特征，碱性成岩环境较强，埋藏过程中成岩环境一致处于开放状态，成岩流体具有上升流特征，因此，其成岩环境具有多重酸碱环境交替—开放性环境上升流作用特征；高青地区漫湖环境薄互层砂体储层经历了早期碱性成岩环境—中期大气淡水淋滤成岩环境—晚期酸性成岩环境成岩流体演化过程，受构造抬升剥蚀的影响，储层在很长的地质历史时期内经历了表生大气淡水的淋滤作用，成岩环境处于开放性状态，成岩流体具有下降流特征，因此，其成岩环境具有碱性-酸性环境演化-开放性环境下降流作用特征。

滨浅湖环境薄互层砂体储层经历了早期弱碱性成岩环境—早期强酸性成岩环

境—晚期碱性成岩环境—晚期酸性成岩环境的成岩流体演化过程，同样具有多重酸碱成岩环境交替演化的特征，但酸性成岩环境较强，西段储层成岩环境封闭性经历了早期开放—中期开放—晚期封闭的演化过程，东段储层成岩环境封闭性经历了早期封闭—中期开放—晚期封闭的演化过程。因此，缓坡带西段滨浅湖环境储层成岩环境具有多重酸碱交替-早中期开放-晚期封闭特征，东段滨浅湖环境储层成岩环境具有多重酸碱交替-早期封闭-中期开放-晚期封闭特征。

总体而言，东营凹陷缓坡带漫湖环境和滨浅湖环境储层成岩环境演化和特征存在明显的差别，主要表现在以下几个方面。

1）古地温。孔一段—沙四下亚段平均古地温梯度高达 5.35℃/100m，而沙四上亚段平均古地温梯度为 4.6℃/100m。漫湖环境薄互层砂体储层经历的古地温明显高于滨浅湖环境薄互层砂体储层。

2）成岩流体。漫湖环境薄互层砂体储层碱性成岩流体作用明显，主要发育两期强碱性成岩环境，酸性成岩环境相对较弱，持续时间较短，高青地区储层受大气淡水作用影响明显；滨浅湖环境薄互层砂体储层酸性成岩流体作用明显，酸性成岩环境持续时间长，碱性流体环境相对较弱，主要发育一期晚期强碱性环境。

3）成岩环境封闭性。漫湖环境薄互层砂体储层埋藏过程中地层压力以常压和弱超压为主，为开放性成岩环境，地层流体流动方式以上升流和下降流为主。滨浅湖环境西段和东段薄互层砂体储层成岩环境封闭性演化存在明显差别，西段早中期为开放性环境，晚期为封闭性环境，地层流体由早中期的上升流转变为晚期的小范围流动或难以流动；东段早期和晚期均为封闭性环境，中期为开放性环境，地层流体早期和晚期均难以流动，中期以上升流作用为主。

第七章　薄互层砂体储层的成岩改造模式

第一节　薄互层砂体储层成岩作用的控制作用

一、地层温度和成岩环境封闭性控制了储层压实作用强度

地层温度是影响储层压实作用的重要因素，高的地温梯度常常能够在储层中引起较强的热压实效应（寿建峰、朱国华，1998）。古地温分析表明，东营凹陷孔一段—沙四下亚段平均古地温梯度明显高于沙四上亚段。影响砂岩压实作用的内因主要包括碎屑组分、粒度、分选、杂基含量、胶结物含量及地层压力等（卢红霞等，2009），为了说明漫湖环境薄互层砂体储层和滨浅湖环境薄互层砂体储层热压实效应的差异，选取处于同一埋藏深度范围内的碎屑组分类型及含量基本一致、分选系数为 1~1.5、杂基含量小于 10%、胶结物含量小于 10%、地层压力为常压、溶蚀面孔率小于 1.5% 的粉砂岩和细砂岩进行对比分析，结果表明，随着埋藏深度的增加，漫湖环境储层孔隙度降低速度明显快于滨浅湖环境储层，并且两者的差值明显增大（图 7.1A），相同埋藏深度下漫湖环境储层的压实减孔量明显高于滨浅湖环境储层（图 7.1B），热压实效应使得漫湖环境储层的压实作用明显增强。

东营凹陷缓坡带西段滨浅湖环境储层埋藏过程中经历了早期开放-中期开放-晚期封闭的成岩环境封闭性演化过程，东段滨浅湖环境储层埋藏过程中经历了早期封闭-中期开放-晚期封闭的成岩环境封闭性演化过程。受成岩环境封闭性演化差异的影响，缓坡带西段和东段滨浅湖环境储层压实作用存在较为明显的差别。同一深度范围内，缓坡带西段滨浅湖滩坝砂体储层视压实率随深度增加速度明显快于东段滨浅湖滩坝储层（图 7.2），西段滩坝砂体储层压实作用明显强于东段，表明早期发育的超压封闭性成岩环境能够有效抑制储层压实作用的进行，使得储层压实程度明显低于早期常压开放性成岩环境储层。

二、地层温度和早期成岩流体控制了储层胶结壳发育程度

由于漫湖环境储层成岩演化初期古地温梯度较高，地层流体盐度较高且呈强碱性特征，使得漫湖环境储层互层泥岩中黏土矿物快速转化（图 6.24），释放出

大量的金属阳离子，强碱性富含金属阳离子的地层流体进入储层后，在砂体边缘引起强烈胶结作用，形成了一定厚度的胶结壳，胶结物一般为基底式胶结的方解石。由于漫湖环境互层泥岩中黏土矿物转化主要发生在早期碱性成岩环境期间，因此，漫湖环境砂体边缘胶结壳主要形成于早期碱性成岩环境。漫湖环境储层中胶结物含量大于10%的砂体距砂泥岩界面距离一般为1m左右，胶结物含量大于5%的砂体距砂泥岩界面距离一般为2.5m左右（图7.3A）。

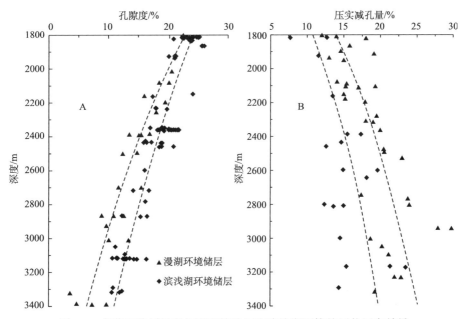

图7.1　东营凹陷缓坡带漫湖环境储层和滨浅湖环境储层热压实差异

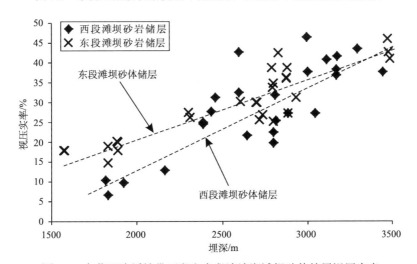

图7.2　东营凹陷缓坡带西段和东段滨浅湖滩坝砂体储层视压实率

滨浅湖环境储层成岩演化初期古地温梯度相对较低，原生沉积水盐度相对较低，碱性相对较弱，使得互层泥岩中黏土矿物转化相对缓慢且转化时间较晚（图 6.33），黏土矿物的快速转化阶段主要在早期酸性成岩环境和晚期碱性成岩环境阶段，黏土矿物转化过程中释放出的金属阳离子进入储层后在砂体边缘引起了碳酸盐强胶结作用，形成了一定厚度的胶结壳，胶结物以基底式和孔隙式方解石为主，发育少量的铁方解石和铁白云石。滨浅湖环境储层砂体边缘胶结壳形成时间相对较晚，胶结壳厚度较薄，滩坝砂体储层中胶结物含量大于 10%的砂体距砂泥岩界面距离一般在 0.6m 左右，胶结物含量大于 5%的砂体距砂泥岩界面距离一般为 1.5m 左右（图 7.3B）。

因此，受高的古地温和高盐度强碱性原生沉积水的影响，漫湖环境储层砂体胶结壳厚度明显比滨浅湖环境储层砂体胶结壳厚度大，且漫湖环境储层砂体胶结壳形成时间较早。

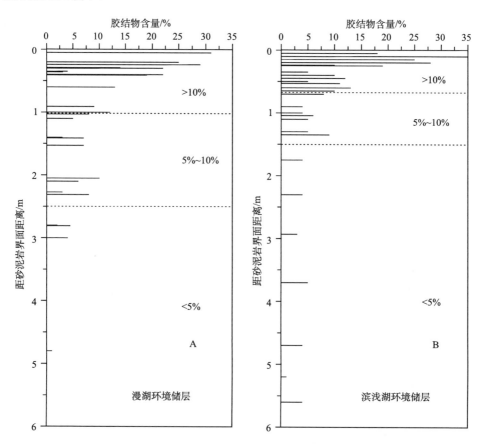

图 7.3　东营凹陷缓坡带薄互层砂体储层胶结壳厚度发育特征

三、成岩流体酸碱特征控制了储层溶蚀孔隙类型及发育程度

成岩流体演化分析表明,漫湖环境薄互层砂体储层经历了两期强碱性成岩环境,分别为早期碱性成岩环境和晚期碱性成岩环境,而滨浅湖环境薄互层砂体储层虽然也经历了两期碱性环境,但早期碱性环境呈弱碱性特征,对储层成岩作用影响较小,晚期碱性环境呈强碱性特征。因此,漫湖环境薄互层砂体储层碱性成岩环境作用强度明显强于滨浅湖环境薄互层砂体储层。受强碱性成岩环境的影响,漫湖环境薄互层砂体储层中石英溶蚀孔隙发育程度较高,石英溶蚀面孔率一般大于 0.1%,最高可达 1.3%(图 7.4A);而滨浅湖环境薄互层砂体储层中石英溶蚀面孔率一般小于 0.3%(图 7.4B)。因此,漫湖环境储层薄互层砂体储层中碱性溶蚀作用较强,石英溶蚀面孔率较高。

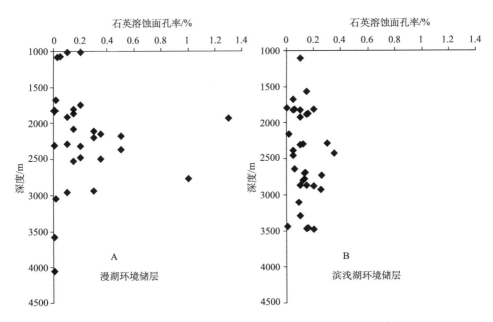

图 7.4 东营凹陷缓坡带薄互层砂体储层石英溶蚀面孔率

漫湖环境薄互层砂体储层和滨浅湖环境薄互层砂体储层均经历了两期酸性成岩环境,但是由于漫湖环境薄互层砂体储层距离洼陷带沙四上亚段烃源岩较远,埋藏过程中进入储层的有机酸量相对较少,且有机酸进入储层后首先中和早期强碱性流体,使得漫湖环境储层酸性成岩环境较弱,长石和碳酸盐胶结物溶蚀孔隙含量一般小于 2%(图 7.5A);由于滨浅湖环境薄互层砂体储层紧邻沙四上亚段烃源岩发育,距离烃源岩较近,埋藏过程中进入储层的有机酸量较多,且早期碱

性成岩流体较弱,使得储层呈强酸性特征,长石和碳酸盐胶结物溶蚀孔隙含量一般可达 3%(图 7.5B)。因此,漫湖环境薄互层砂体储层酸性溶蚀作用比滨浅湖环境弱,酸性溶蚀面孔率较低。

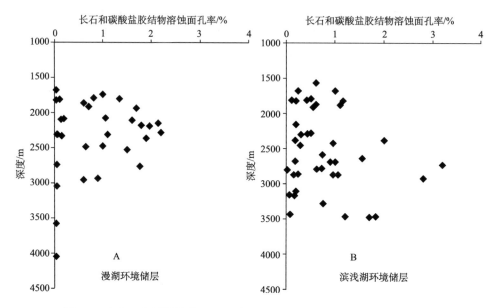

图 7.5　东营凹陷缓坡带薄互层砂体储层长石和碳酸盐胶结构溶蚀面孔率

四、成岩环境封闭性演化差异控制了储层成岩产物分布规律

成岩环境封闭性控制了地层流体的流动方式,进而控制了储层成岩产物的分布规律。漫湖环境薄互层砂体储层埋藏演化过程中成岩环境一直呈开放性状态,地层流体流动方式主要为上升流,在高青地区主要为下降流。

受顺向油源断层和反向遮挡断层的分割,东营凹陷缓坡带薄互层砂体储层(除高青地区)被分为多个倾斜的断块,断块下部一般为油源断层,能够有效的沟通地层流体,使其进入储层对其进行改造。由于受砂体边缘早期形成的胶结壳的影响,后期进入储层的酸性和碱性地层流体主要集中分布在厚层砂体中部。受上升流作用的影响,有机酸和后期碱性流体进入储层后首先对断块下部储层进行溶蚀,形成大量的酸性和碱性溶蚀孔隙,随着地层流体逐渐由断块下部向断块上部运移,有机酸和碱性流体的溶蚀能力逐渐降低,形成的溶蚀孔隙逐渐减少。漫湖环境储层(除高青地区)中厚层砂体中部长石和碳酸盐胶结物溶蚀面孔率及石英溶蚀面孔率均呈现为随着距油源断层距离增加而逐渐降低的特征(图 7.6),表明断块下部溶蚀作用明显强于断块上部。受上升流作用的影响，有机酸和碱性流体在断块下部对储层溶蚀形成的溶蚀产物和地层流体中的其他金属阳离子由断块下部被搬运至断块上部，受断块上部遮挡断层或砂体尖灭带的影响，溶蚀产物和金属阳离子在断块上部储层中富集、沉淀，在断块上部砂体中部形成大量的胶结物。漫湖环境储层（除高青地区）厚层砂体中碳酸盐胶结物含量和自生石英含量均呈现为随着距油源断层距离增加而逐渐增加的特征（图7.7），表明断块上部胶结作用明显强于断块下部。

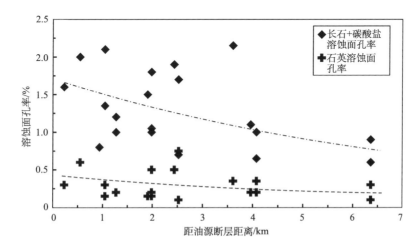

图7.6 东营凹陷缓坡带漫湖环境薄互层砂体储层溶蚀面孔率在断块内的分布特征（除高青地区）

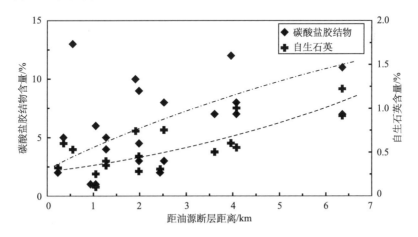

图7.7 东营凹陷缓坡带漫湖环境薄互层砂体储层胶结物在断块内的分布特征（除高青地区）

高青地区漫湖环境储层在经历了早期碱性成岩环境之后，在馆陶组沉积之前，一直处于近地表不整合面之下的大气淡水淋滤作用状态，地层水流动方式为下降流。受大气淡水淋滤作用的影响，不整合面之下与不整合有关的储层可以划分为大气淡水淋滤溶蚀带和溶蚀产物沉淀带（图 7.8）。大气淡水淋滤溶蚀带内溶蚀孔隙较发育，常见长石铸模孔隙和贴粒缝等。大气淡水除淋滤溶蚀长石外，还可能对早期碱性环境中形成的方解石产生淋滤溶蚀作用。随着距不整合面距离逐渐增加，大气淡水淋滤溶蚀能力逐渐降低，使得储层孔隙度呈现出逐渐降低的特征（图 7.8）。随着大气淡水由不整合面向下逐渐运移，大气淡水淋滤溶蚀带内产生的淋滤溶蚀产物被带至溶蚀产物沉淀带内沉淀，在溶蚀产物沉淀带内储层中常发育微晶方解石充填孔隙（图 7.9）。溶蚀产物沉淀带内薄互层砂体储层中黏土矿物以高岭石为主，伊利石含量较低，G41 井储层中高岭石含量大于 30%，伊利石含量在 10%左右，Gx73 井储层中高岭石含量一般大于 50%，少数为 40%~50%，伊利石含量一般小于 25%（图 7.8），与漫湖环境薄互层砂体储层黏土矿物整体转化程度较高不相符，表明高青地区储层中黏土矿物为大气水淋滤长石而形成的产物，被下降流将其从大气淡水淋滤溶蚀带内带至溶蚀产物沉淀带内沉淀。因此，受下降流作用的影响，溶蚀孔隙主要发育在大气淡水淋滤溶蚀带内，而溶蚀产物则主要发育在下部的溶蚀产物沉淀带内。随着距不整合面距离的逐渐增加，高青地区不整合面之下储层溶蚀作用逐渐减弱，胶结作用逐渐增强。

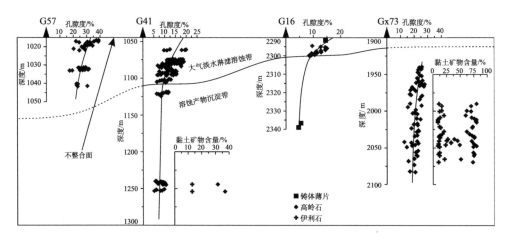

图 7.8 东营凹陷高青地区不整合面之下漫湖环境薄互层砂体储层孔隙度及成岩作用特征

东营凹陷缓坡带西段和东段滨浅湖环境薄互层砂体储层成岩环境封闭性演化存在明显的差别。西段滨浅湖滩坝砂体储层埋藏过程中经历了早期开放性成岩环境—中期开放性成岩环境—晚期封闭性成岩环境的演化过程，其中早期和中期开放性成岩环境与成岩流体的早期酸性环境和晚期碱性环境相对应，是储层最主要的成岩作用时期。由于成岩环境呈开放性特征，地层流体流动方式主要为上升流。

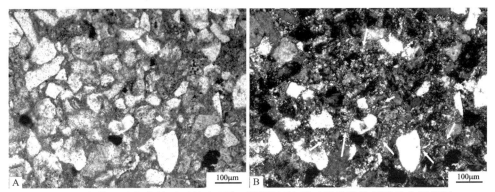

图7.9 东营凹陷高青地区不整合面之下漫湖环境薄互层砂体储层胶结作用特征
A. G16 井，2239.25m，微晶方解石胶结（-）；B. G16 井，2239.25m，微晶方解石胶结（+）

受上升流作用的影响，西段滨浅湖滩坝砂体储层中长石溶蚀面孔率、碳酸盐胶结物溶蚀面孔率和石英溶蚀面孔率均呈现为随着距油源断层距离增加而逐渐降低的特征（图7.10），而自生石英含量和碳酸盐胶结物含量呈现为随着距油源断层距离增加而逐渐增加的趋势（图7.11和图7.12A），值得注意的是断块内碳酸盐胶结物含量随距油源断层距离的增加并未呈现出良好的正向关系，这可能是受滨浅湖环境薄互层砂体储层砂体边缘胶结壳形成时间较晚或油气充注的影响所致。

东段滨浅湖滩坝砂体储层埋藏过程中经历了早期封闭性成岩环境—中期开放性成岩环境—晚期封闭性成岩环境的演化过程，其中早期封闭性成岩环境主要对应于早期酸性成岩环境阶段，中期开放性成岩环境主要对应于晚期碱性成岩环境阶段，这两个阶段是储层最主要的成岩作用时期。受早期封闭性成岩环境的影响，进入储层的酸性流体在断块内难以流动，主要集中分布在断块中下部，断块上部接受的酸性流体较少，因此有机酸对断块内储层的溶蚀作用自下而上逐渐减弱，使得储层中长石溶蚀面孔率和碳酸盐胶结物溶蚀面孔率随着距油源断层距离增加而呈现出逐渐降低的特征（图7.10A、B），由于地层流体难以流动，长石溶蚀作用产生的 SiO_2 和高岭石等难以被带出溶蚀区，而是在原地沉淀，形成胶结物，东段滩坝砂体储层中自生石英的含量呈现出随距油源断层距离增加而降低的特征（图7.11），并且在断块下部的储层中常可见到自生高岭石充填孔隙的现象。由于区域构造抬升运动，晚期碱性成岩环境发育时期由封闭性成岩环境转变为开放性成岩环境，地层流体流动方式呈上升流特征，后期进入储层的碱性地层流体由断块下部向断块上部运移，流体流动过程中由于溶蚀作用的消耗，溶解能力逐渐降低，使得储层中石英溶蚀孔隙由断块下部向断块上部呈现出逐渐降低的特征（图7.10C）。随着碱性地层流体由断块下部向断块上部流动，溶蚀产物和金属阳离子被搬运至断块上部富集，因此，储层中碳酸盐胶结物含量随距油源断层距离的增加而呈现出明显增加的特征。对比西段和东段滨浅湖环境薄互层砂体储层各种类型溶蚀面孔率表明，早期超压封闭成岩环境能够促进储层中溶解作用的发生（图7.10）。

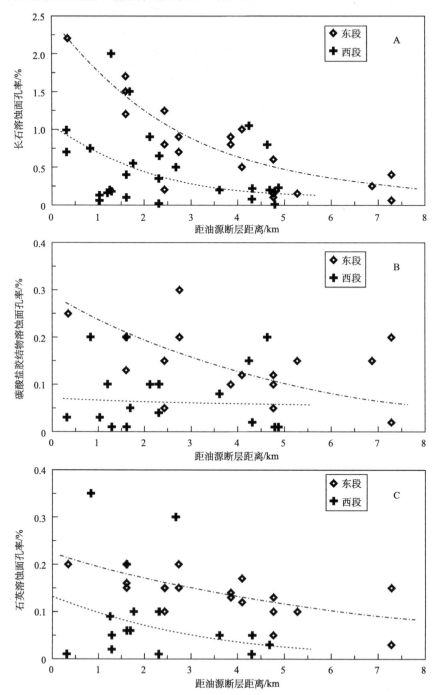

图7.10　东营凹陷缓坡带滨浅湖环境薄互层砂体储层溶蚀面孔率在断块内分布特征

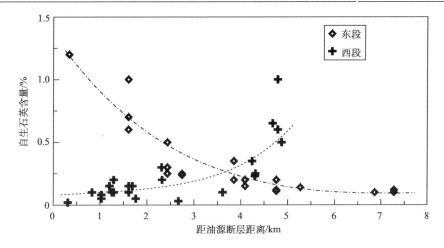

图 7.11 东营凹陷缓坡带滨浅湖环境薄互层砂体储层自生石英在断块内的分布特征

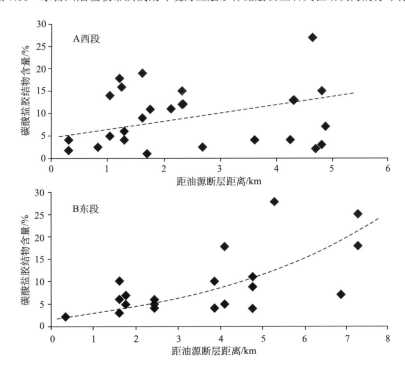

图 7.12 东营凹陷缓坡带滨浅湖环境薄互层砂体储层碳酸盐胶结物在断块内的分布特征

五、油气充注对薄互层砂体储层成岩作用的影响

油气充注使得储层成岩环境由水-岩作用系统转变为水-油-岩作用系统,烃类

在储层中的聚集改变了孔隙水的化学组成，从而对储层成岩作用产生影响。前人在研究油气充注对储层成岩作用的影响时，往往是通过统计不同含油级别中碳酸盐胶结物、自生石英及黏土矿物含量差异性或者是通过对比油层和水层自生石英中流体包裹体均一温度的差异性来说明油气充注对储层成岩作用的影响（Neilson et al., 1998; 罗静兰等, 2006），然而这些研究中涉及的油层数据均来自于现今的油层，并未对油气充注和成岩作用发生次序进行讨论。沉积盆地中，油气与其他类型的地层流体一样，进入储层后在储层中的分布特征同样受到成岩作用的影响，只有在经历了早期成岩作用仍保存有大量储集空间的储层才有利于油气的进入，从而对储层中正在发生的成岩作用产生影响，在油气充注之前储层中已经发生且已经结束的成岩作用不受油气充注影响。因此，在研究油气充注对储层成岩作用的影响时需要对油气充注和成岩作用发生次序进行讨论。

东营凹陷缓坡带漫湖环境薄互层砂体储层和滨浅湖环境薄互层砂体储层成岩流体演化分析表明，两种沉积环境中形成的薄互层砂体储层均主要经历了两期油气充注，其中第一期油气充注主要发生在早期酸性成岩环境末期和晚期碱性成岩环境早期，油气充注量相对较少；第二期油气充注主要发生在晚期酸性成岩环境中后期，油气充注量大，是东营凹陷最主要的成藏期（图6.26和图6.34）。因此，第一期油气充注可能对储层中溶蚀作用、石英加大和碳酸盐晚期胶结作用产生影响，第二期油气充注可能会对储层中溶蚀作用和石英晚期加大作用产生影响。漫湖环境薄互层砂体储层和西段、东段滨浅湖环境薄互层砂体储层油层中溶蚀面孔率明显高于水层和干层（图7.13A和图7.14A、B），说明油气充注之前溶蚀作用强烈、富含大量原生孔隙和溶蚀孔隙的储层有利于油气的进入，而油气中往往富含大量的有机酸，在进入储层后对长石等矿物进行溶蚀，形成大量的溶蚀孔隙，因此，油气充注能够促进储层中溶蚀作用的发生。漫湖环境薄互层砂体储层和西段滨浅湖环境储层油层中自生石英含量多低于水层和干层，仅少数高于水层和干层，或与水层和干层中相差不大（图7.13B和图7.14C），表明油气的充注在一定程度上对石英加大的发育有抑制作用。但由于早期油气充注之前，东营凹陷薄互层砂体储层中自生石英胶结作用已普遍发生，因此，油气充注对石英加大的抑制程度并不强烈。东段滨浅湖环境储层油层中自生石英含量明显高于水层和干层（图7.14D），分析可能是由于早期的封闭性成岩环境不能使SiO_2溶蚀产物排出而原地沉淀形成自生石英所致。漫湖环境和滨浅湖环境薄互层砂体油层中碳酸盐胶结物含量一般明显低于水层和干层（图7.13C和图7.14E、F），薄互层砂体储层中油气充注对早期碳酸盐胶结作用基本无影响，相反，发育与砂体边缘和尖灭带的早期碳酸盐强胶结作用使得储层致密，阻止了油气的进入，后期充注的油气主要集中分布在早期碳酸盐胶结物含量较少的、储集空间发育的储层中，进而抑制储层中晚期碳酸盐胶结作用，使得油层中碳酸盐胶结物含量更少。

第七章 薄互层砂体储层的成岩改造模式

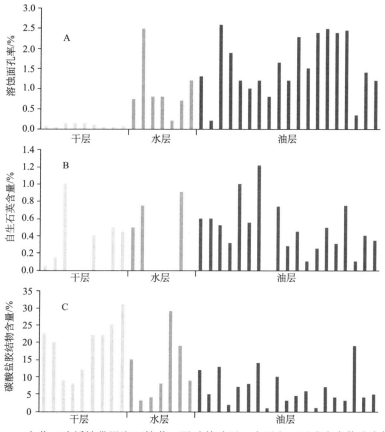

图 7.13 东营凹陷缓坡带漫湖环境薄互层砂体油层、水层和干层成岩产物分布特征

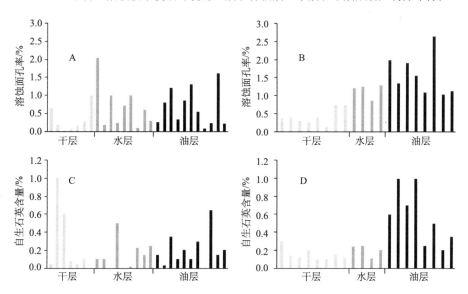

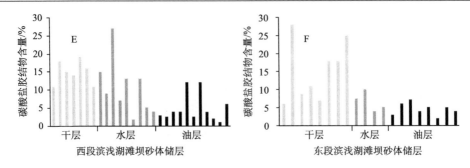

图 7.14　东营凹陷缓坡带滨浅湖环境薄互层砂体油层、水层和干层成岩产物分布特征

第二节　薄互层砂体储层的成岩改造模式

成岩流体及成岩环境封闭性演化分析表明，东营凹陷缓坡带薄互层砂体储层主要发育四种类型的成岩环境演化过程，其中漫湖环境薄互层砂体储层发育两种类型，分别为多重酸碱交替-开放环境上升流作用成岩环境和碱性-酸性环境演化-开放环境下降流作用成岩环境；滨浅湖环境薄互层砂体储层发育两种类型，分别为多重酸碱交替-早期开放-中期开放-晚期封闭成岩环境和多重酸碱交替-早期封闭-中期开放-晚期封闭成岩环境。在薄互层砂体储层成岩作用、成岩环境演化及不同成岩环境成岩作用响应特征分析的基础上，建立了东营凹陷缓坡带薄互层砂体储层成岩改造模式。

一、多重酸碱环境交替-开放环境上升流作用模式

多重酸碱环境交替-开放环境上升流作用储层成岩改造模式是东营凹陷缓坡带漫湖环境薄互层砂体储层主要的成岩改造模式，分布在除高青地区外的其他漫湖环境储层发育区。

漫湖环境薄互层砂体储层沉积初期至距今 31.3Ma 之前埋藏深度较浅，成岩环境呈开放性特征，成岩流体主要受原生沉积水控制。成岩流体演化分析表明，漫湖环境储层原生沉积水呈高盐度强碱性特征，使得薄互层砂体互层泥岩中束缚的沉积水盐度高、碱性强。较高的古地温梯度、盐度和 pH 值能够促进泥岩中高岭石向伊利石和绿泥石、蒙脱石向伊利石快速转化，黏土矿物转化过程中释放出大量的富含多种金属阳离子的吸附水和层间水。在埋藏过程中，互层泥岩成岩作用释放出的大量的高盐度、强碱性原生沉积水和黏土矿物转化水向邻近砂体排放，在砂体边缘引起了强烈的基底式方解石和石膏胶结，使得砂体边缘及厚度较薄的砂体尖灭带储层孔隙度迅速降低，形成致密胶结壳或胶结带。泥岩成岩演化流体

由砂岩边缘向砂体中部排放过程中，由于砂体边缘的胶结物的形成，使得成岩流体盐度逐渐降低，厚层砂体中部早期成因的碳酸盐胶结物含量非常低，储层保存了大量的原生孔隙。早期的强碱性成岩环境为储层中石英的溶解提供了条件，但是由于早期储层埋藏深度较浅，地层温度较低，石英溶解量相对较小（钟大康等，2007），在一定程度上增加了储层孔隙度（图7.15）。

随着埋藏深度的不断增加，地层温度逐渐升高，在距今 31.1~26.4Ma，地层温度达到80~120℃，黏土矿物转化脱水逐渐停止，东营凹陷沙四上亚段烃源岩处于成熟阶段早期，地层温度处于有机酸的最佳生成和保存温度范围内，生成的大量有机酸通过断块下部的油源断层进入储层，中和早期碱性流体，使得储层成岩环境由碱性转变为酸性。由于早期碱性成岩环境作用下砂体边缘形成了厚度较大的致密胶结壳，富含有机酸的酸性流体进入储层后主要集中分布在砂体中部原生粒间孔隙发育带内，对储层进行溶蚀，形成了大量的长石溶孔等酸性溶蚀孔隙，使储层孔隙度明显增加。由于这一阶段成岩环境为开放性特征，地层流体流动方式为上升流，有机酸进入储层后首先对断块下部储层进行溶蚀，随着地层流体向断块上部运移，溶蚀能力逐渐减弱，形成的溶蚀孔隙含量逐渐降低。上升流作用将储层溶蚀过程中形成的SiO_2等溶蚀产物带出溶蚀区，受断块顶部遮挡断层或砂体尖灭带的影响，溶蚀产物在断块上部储层中富集沉淀，形成了大量的自生石英等胶结物（图7.15）。在早期酸性成岩环境晚期，储层中可能充注了少量的低熟油，在一定程度上促进了储层溶解作用，对自生石英胶结作用抑制程度较低。受上升流作用机制的影响，这一时期断块中下部储层孔隙度明显高于断块上部（图7.15）。

在距今26.4~21.4Ma，地层温度超过120℃，超出了有机酸的有利生成和保存温度范围，有机酸开始大量热裂解脱羧，流体pH值升高。发育于盆地洼陷带的膏盐岩逐渐进入热演化大量脱水的温度范围内，开始大量脱出富含Ca^{2+}、K^+、Na^+、Sr^{2+}、Al^{3+}等金属阳离子的碱性水，使得地层流体由酸性转为强碱性，形成了晚期强碱性成岩环境。受早期成岩作用的影响，通过断块下部疏导性断层进入储层的碱性地层流体同样集中分布在厚层砂体中部，对储层中石英颗粒和其加大边进行溶解，形成了大量的石英溶蚀孔隙，使得断块中下部储层孔隙度增加（图7.15）。受开放性成岩环境上升流作用的影响，碱性流体的溶蚀能力由断块下部向断块上部逐渐减弱，形成的石英溶蚀孔隙含量逐渐降低，但多种金属阳离子在断块上部富集，形成了大量的晚期碳酸盐、硫酸盐胶结，使得断块上部储层孔隙度迅速降低（图7.15）。这一成岩阶段后期可能有少量的低熟油气进入储层，对晚期碳酸盐胶结产生一定的抑制作用。

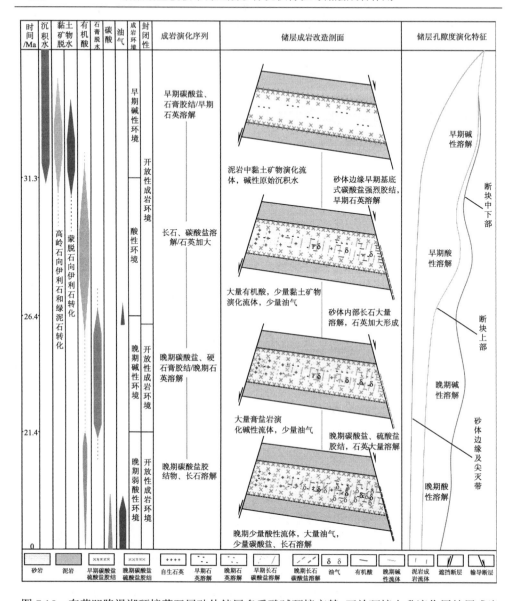

图 7.15 东营凹陷漫湖环境薄互层砂体储层多重酸碱环境交替-开放环境上升流作用储层成岩改造模式

在东营组沉积末期（距今 24.6Ma），由于区域构造抬升-沉降运动，使得地层温度降低，膏盐岩停止脱水，沙四上亚段烃源岩再次进入生有机酸的有利温度范围内，在距今 21.4Ma 之后，地层水性质逐渐由强酸性转变为酸性或弱酸性，形成晚期酸性成岩环境。随着埋藏深度的增加，距今 10Ma 左右，地层温度逐渐超过 120℃，有机酸脱羧分解，地层流体中 CO_2 分压逐渐增加，流体的 pH 值由

CO_2 控制。酸性或弱酸性流体对断块中下部储层进行溶蚀，形成了少量的长石、碳酸盐胶结物溶蚀孔隙，使得储层孔隙度稍微增加（图 7.15）。距今 10Ma 之后，沙四上亚段烃源岩热演化成熟，生成了大量的成熟油充注储层，受成岩作用的影响，油气主要分布在断块中下部厚层砂体中部，并且油气的充注在一定程度上促进了储层的溶解作用。

二、碱性-酸性环境演化-开放环境下降流作用模式

碱性-酸性环境演化-开放性环境下降流作用储层成岩改造模式主要发育在高青地区漫湖环境储层中。

高青地区漫湖环境薄互层砂体储层沉积埋藏初期至构造抬升剥蚀之前（距今 37Ma），成岩环境特征与其他地区漫湖环境薄互层砂体储层一致，成岩流体主要受原生沉积水和泥岩成岩演化水控制，成岩环境呈开放性特征。受泥岩成岩演化流体向邻近砂岩排放的影响，砂体边缘发育一定厚度的基底式方解石强烈胶结带，胶结物含量由砂体边缘向砂体中部迅速降低。砂体边缘强烈胶结作用使得相应的储层孔隙度迅速降低，早期强碱性成岩环境在厚层砂体中部形成了少量的石英溶解孔隙，在一定程度上使厚层砂体中部储层孔隙度增加（图 7.16）。

在距今 40.1Ma 左右，受高清断层活动的影响，青城凸起及其北部的高青地区抬升遭受剥蚀，由埋藏成岩环境转变为表生成岩环境。高青地区漫湖环境薄互层砂体储层位于不整合面之下，受大气淡水淋滤作用明显（图 7.16）。大气淡水中往往溶解有一定量的 CO_2，呈弱酸性特征，对邻近不整合面的储层产生淋滤溶蚀作用，形成大气淡水淋滤溶蚀带，溶蚀带内发育大量的长石、碳酸盐胶结物溶蚀孔隙及贴粒缝等溶蚀缝，储层孔隙度明显增加。由于大气淡水淋滤作用为下降流作用，随着距不整合面距离的逐渐增加，大气淡水的淋滤溶蚀能力逐渐减弱，使得淋滤溶蚀带内储层孔隙度呈随深度降低的趋势（图 7.8 和图 7.16）。受下降流作用机制的影响，大气淡水淋滤溶蚀带内长石、碳酸盐等矿物的溶蚀产物被带离溶蚀区，随着下降流向深部远离不整合面的储层中运移，在合适的部位沉淀，形成自生石英、微晶方解石等胶结物，使得大气淡水淋滤溶蚀带之下发育溶蚀产物沉淀带。沉淀带内储层孔隙度受胶结作用的影响而迅速降低（图 7.16）。

在馆陶组沉积时期（距今 16.2Ma），东营凹陷整体沉降，馆陶组地层覆盖于不整合面及漫湖环境薄互层砂体储层之上，储层成岩环境由表生成岩环境转变为埋藏成岩环境，大气淡水对储层的影响作用停止，取而代之的是来自于盆地洼陷带内的含有有机酸的酸性地层流体。这些酸性地层流体通过位于储层下倾方向的顺向断层进入储层，受开放性成岩环境的影响，地层流体呈上升流作用特征，在储层中引起了少量的长石和碳酸盐胶结物的溶解，使得储层孔隙度稍微增加（图

7.16）。在距今 10Ma 之后是漫湖环境薄互层砂体储层的主要成藏期，大量的油气通过油源断层进入储层，在靠近不整合面的高孔隙度储层内聚集成藏，油气的充注在一定程度上促进了储层溶蚀作用的发生（图 7.16）。

因此，下降流作用使得靠近不整合面附近的储层发育较高的孔隙度和较多的储集空间，而远离不整合面的储层发育较低的孔隙度，且储层中胶结物含量较高。下降流作用控制了高青地区漫湖环境薄互层砂体储层储集空间和储集物性分布规律。

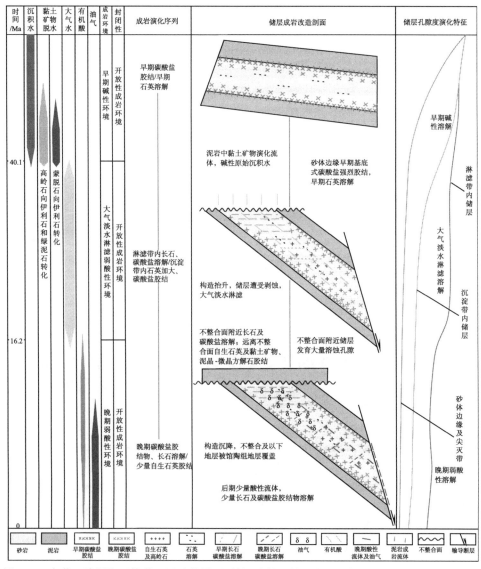

图 7.16 东营凹陷漫湖环境薄互层砂体储层碱性-酸性环境演化-开放环境下降流作用储层成岩改造模式

三、多重酸碱交替–早期开放–中期开放–晚期封闭环境模式

多重酸碱交替-早期开放-中期开放-晚期封闭环境储层成岩改造模式主要发育在东营凹陷缓坡带西段滨浅湖环境薄互层砂体储层中。

西段滨浅湖环境薄互层砂体储层沉积初期至距今 34.8Ma 时期，储层埋藏深度较浅，地层温度较低，成岩流体主要受原生沉积水控制，成岩环境呈开放性特征。沙四上亚段地层古地温梯度相对较低，原生沉积水盐度较低，pH 较低，呈弱碱性特征。较低的地温梯度、盐度和 pH 不利于互层泥岩中黏土矿物的转化，这一阶段黏土矿物转化程度非常低，仅释放出少量的吸附水。受互层泥岩中原生沉积水和少量吸附水向邻近砂岩排放的影响，在砂体边缘引起了少量早期方解石胶结作用（图 7.17）。

在距今 34.8~24.9Ma，地层温度达到 80~120℃，处于有机酸的有利生成和保存温度范围内，沙四上亚段烃源岩生成的大量有机酸通过断块下部的油源断层进入储层，中和早期的弱碱性流体，使储层成岩环境整体转变为酸性特征。由于这一时期为黏土矿物的第一快速转化阶段，蒙脱石向伊利石快速转化，高岭石向伊利石和绿泥石缓慢转化，黏土矿物转化过程中释放出大量的富含金属阳离子的层间水，向邻近砂岩排放过程中在砂体边缘局部地区造成了高盐度特征，使得砂体边缘碳酸盐胶结作用进一步强烈，形成了一定厚度的胶结壳，使得砂体边缘孔隙度快速降低（图 7.17）。酸性地层流体在厚层砂体中部引起了强烈的长石、碳酸盐胶结物溶蚀作用，形成了大量的溶蚀孔隙，使得储层孔隙度明显增加，与此同时，长石溶解作用形成的 SiO_2 等溶蚀产物在储层中沉淀，形成自生石英等胶结物。受开放性成岩环境的影响，地层流体呈上升流作用特征，进入断块内储层的有机酸首先对断块下部储层产生溶蚀作用，随着地层流体由断块下部向断块上部逐渐运移和有机酸的消耗，地层流体的溶蚀能力逐渐降低，形成的溶蚀孔隙含量逐渐降低；受上升流作用的影响，断块下部储层溶蚀作用形成的溶蚀产物被带出溶蚀区，在断块上部聚集、沉淀，形成大量的自生石英。因此，酸性溶蚀作用使得断块中下部储层孔隙度增加量明显高于断块上部（图 7.17）。这一阶段晚期，处于滨浅湖环境薄互层砂体储层的第一次油气成藏时期，储层中可能充注了一定量的低熟油，在断块中富集，在一定程度上促进了储层中溶解作用的发生和抑制了石英胶结作用的进行。

在距今 24.9~21.1Ma 时期内，地层温度超过 120℃，有机酸开始大量的脱羧分解，使地层流体 pH 升高，膏盐岩热演化释放出的大量的富含金属阳离子的碱性流体进入储层后，中和早期酸性流体，使得地层流体由酸性转变为碱性。受砂体边缘形成的胶结壳的影响，碱性流体主要分布在砂体中部，在储层中引起了石

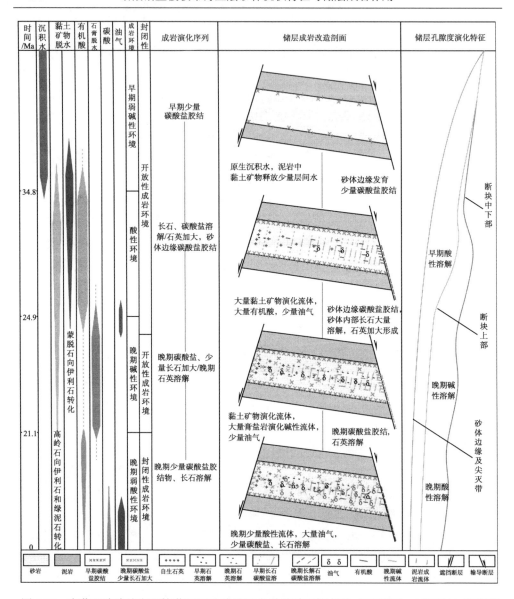

图7.17 东营凹陷滨浅湖环境薄互层砂体储层多重酸碱环境交替-早期开放-中期开放-晚期封闭环境储层成岩改造模式

英及其加大边的溶解,形成了一定量的碱性溶蚀孔隙,使得储层孔隙度增加(图7.17)。这一时期处于黏土矿物的第二快速转化时期,高岭石向伊利石和绿泥石快速转化,释放出大量的含有金属阳离子的层间水,进入邻近砂体后进一步增强了砂体边缘胶结作用(图7.17)。这一时期储层成岩环境仍为开放性特征,地层流体呈上升流作用特征,碱性溶蚀孔隙在断块内呈现出自下而上逐渐降低的特征,同时，地层流体将金属阳离子等搬运至断块上部，形成晚期碳酸盐胶结物和少量长石加大边。在上一阶段晚期和这一阶段早期充注了一定量油气的储层中，油气抑制了晚期碳酸盐胶结物的形成，这也是使得储层中碳酸盐胶结物含量与距油源断层距离正相关性一般的原因。在未经历早期油气充注的储层中，断块上部储层中碳酸盐胶结物含量较高，储层孔隙度迅速降低（图7.17）。

在距今24.6Ma时期，东营凹陷整体构造抬升，沙四上亚段烃源岩在距今21.1Ma之后再次进入有利的生有机酸温度范围，生成的有机酸中和储层中的碱性流体，使得储层成岩环境转变为酸性。在这一成岩阶段后期，地层流体的pH主要受CO_2分压控制。随着沙四上亚段烃源岩热演化成熟大量生烃作用的发生，地层压力由常压逐渐转变为中强超压，成岩环境由开放性转变为封闭性，这一过程中储层伴随着超压油气充注。有机酸和油气在储层中引起了晚期长石和碳酸盐胶结物的溶解作用，使得断块中下部储层孔隙度稍微增加（图7.17）。

四、多重酸碱交替–早期封闭–中期开放–晚期封闭环境模式

多重酸碱交替–早期封闭–中期开放–晚期封闭环境储层成岩改造模式主要发育在东营凹陷缓坡带东段滨浅湖环境薄互层砂体储层中。

东段滨浅湖环境薄互层砂体储层成岩流体演化特征与西段滨浅湖环境薄互层砂体储层基本一致（图7.18）。两者成岩环境演化的差异性主要表现在成岩环境封闭性的演化上。由于超压封闭成岩环境中地层流体难以流动，溶蚀作用产生的溶蚀产物不能被带出溶蚀区，而是在原地沉淀形成大量的自生石英和高岭石胶结物，充填原生粒间孔隙，使得自生石英含量同样随距油源断层的距离增加而逐渐降低。因此，断块中下部的溶蚀作用并不能有效地增加储层孔隙度，反而可能会使储层孔喉结构和渗透率降低（图7.18）。这一成岩阶段晚期储层中可能充注了少量的低熟超压油气，在一定程度上促进了储层溶蚀作用，由于储层中自生石英胶结形成较早，油气充注对石英加大边发育的抑制作用不明显。

砂体沉积初期至距今34.8Ma之前，成岩流体主要为泥岩成岩演化释放出的吸附原生沉积水，在砂体边缘形成了少量早期方解石胶结作用（图7.18）。由于泥岩欠压实作用，使得地层压力以中强超压为主，储层成岩环境呈封闭性特征。

在距今34.8~24.9Ma时期内，成岩流体主要为受有机酸控制的酸性流体，成岩环境呈酸性特征，受黏土矿物第一快速转化带的影响，在砂体边缘局部发育盐度较高的流体，使得砂体边缘胶结作用进一步增强，形成了一定厚度的胶结壳，使得储层孔隙度迅速降低（图7.18）。受封闭性成岩环境的影响，酸性地层流体在储层中难以流动，主要集中在断块中下部的储层中，对储层产生溶蚀作用，使

得断块中下部储层溶蚀孔隙较为发育。

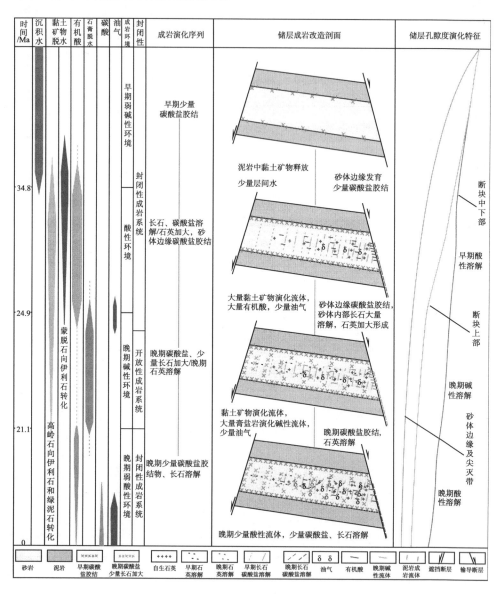

图 7.18　东营凹陷滨浅湖环境薄互层砂体储层多重酸碱环境交替-早期封闭-中期开放-晚期封闭环境储层成岩改造模式

在距今 24.9~21.1Ma 时期，成岩流体主要为膏盐岩热演化碱性水，在储层中形成了一定量的石英溶蚀孔隙和晚期碳酸盐胶结物及少量的长石加大。黏土矿物的第二快速转化带使得砂体边缘交接作用进一步增强。受东营组沉积末期（距今 24.6Ma）

区域构造抬升的影响，地层压力发生泄漏，由中强超压转变为弱超压-常压，成岩环境由封闭转变为开放，地层流体流动方式以上升流作用为主，早期充注的油气可能发生二次运移进而再分配。碱性地层流体在断块中下部溶蚀石英及其加大边，形成了一定量的碱性溶蚀孔隙，其含量由断块下部向断块上部逐渐降低，使得断块中下部储层孔隙度有所增加。由于上升流作用，碱性地层流体中含有的金属阳离子被搬运至断块上部富集、沉淀，形成了大量的晚期碳酸盐胶结物和少量的长石加大边，使得断块上部储层孔隙度迅速降低（图7.18）。

在距今21.1Ma之后，地层流体由碱性转变为酸性，主要受有机酸和CO_2分压控制。由于有机质大量生成熟油作用，使得地层压力由常压-弱超压转变为中强超压，成岩环境由开放性转变为封闭性，这一过程伴随着超压油气的充注。有机酸和油气在储层中引起了晚期长石和碳酸盐胶结物的溶解作用，使得断块中下部储层孔隙度稍微增加（图7.17）。

因此，成岩作用主要发育期的成岩环境封闭性控制了储层成岩产物在断块内的分布规律，进而控制了储层孔隙度演化和现今储层储集特征。

总体而言，多重碱性及酸性成岩环境交替演化控制了储层成岩作用及储集空间分布格局。薄互层砂体储层呈频繁的砂泥岩互层剖面特征，互层泥岩和砂岩物质交换明显，成岩演化早中期泥岩成岩作用使得砂体边缘发育了一定厚度的胶结壳，为薄互层砂体储层成岩作用和储集空间分布特征奠定了基础。多重碱性及酸性成岩环境交替演化使得储层成岩作用既存在明显分异又呈现多期碱性及酸性成岩作用叠加特征。砂体边缘及尖灭带成岩作用类型单一，主要为碱性环境作用的产物，与之相比，厚层砂体中部则呈现为多期叠加的碱性溶蚀及胶结作用和酸性溶蚀及胶结作用。因此，受多重碱性及酸性成岩环境交替演化的影响，储层储集空间主要集中分布在厚层砂体中部，具有原生粒间孔隙、酸性溶蚀孔隙和碱性溶蚀孔隙并存的特征。

成岩环境封闭性及其控制的地层流体流动方式控制了储层储集物性分异特征。开放性成岩环境上升流作用使得断块下部储层溶蚀孔隙含量高，胶结作用较弱，储层孔隙度高，而断块上部储层溶蚀作用弱，晚期胶结作用强烈，储层孔隙度非常低，甚至致密胶结。开放性成岩环境下降流作用使得大气淡水淋滤溶蚀带内溶蚀孔隙含量高，胶结作用弱，储层孔隙度高，而位于其下方的胶结物沉淀带内胶结作用强，储层孔隙度低。封闭性成岩环境地层流体流动困难，溶蚀孔隙和溶蚀产物均主要分布在断块中下部，储层孔隙含量未净增加，甚至在一定程度上降低了储层渗透率。

第三节 不同成岩改造模式储层发育规律

东营凹陷缓坡带薄互层砂体储层发育的四种成岩改造模式具有不同的储层发育规律。多重酸碱环境交替-开放环境上升流作用储层成岩改造模式（Ⅰ）有效储层含量为 49.8%，碱性-酸性环境演化-开放性环境下降流作用储层成岩改造模式（Ⅱ）有效储层含量为 40.3%，多重酸碱交替-早期开放-中期开放-晚期封闭环境储层成岩改造模式（Ⅲ）有效储层含量为 53.3%，多重酸碱交替-早期封闭-中期开放-晚期封闭环境储层成岩改造模式（Ⅳ）有效储层含量为 58.6%（图 7.19）。

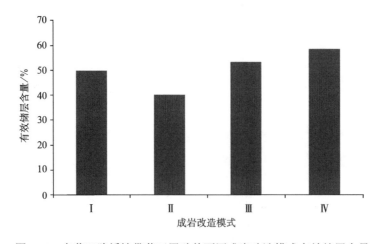

图 7.19 东营凹陷缓坡带薄互层砂体不同成岩改造模式有效储层含量

多重酸碱环境交替-开放环境上升流作用储层成岩改造模式经历了两期强碱性成岩环境，使得砂体边缘及尖灭带和断块上部储层胶结作用强烈，胶结壳厚度较大，断块中下部厚层砂体中部含有大量储集空间、物性较高的储层厚度相对较薄，并且较弱的酸性成岩环境使得溶蚀孔隙量相对较少，对储层物性的贡献量相对较低，使得有效储层含量较低，有效储层主要发育在断块中下部厚层砂体中部。但是，受多重酸碱交替和持续上升流作用的影响，溶蚀产物能够被彻底的带出溶蚀区，有利于储层孔隙度和渗透率的净增加，而溶蚀产物沉淀区储层孔隙度和渗透率降低明显，使得断块内储层质量分异明显。有效储层储层品质指数 RQI 分布规律表明，储层品质指数 RQI 最高可达 7.5，且分布范围较大，主要为 0.5~4.5，反映了有效储层孔喉结构较好（图 7.20A）。此种成岩改造模式控制的储层储层品质指数 RQI 在由断块下部向断块上部呈现为快速降低的趋势（图 7.21A），表明断块中下部储层孔喉结构和储层品质明显好于断块上部。

碱性-酸性环境演化-开放性环境下降流作用储层成岩改造模式受大气淡水淋

滤作用影响明显,溶蚀作用较弱,溶蚀增孔量较低,并且后期储层由近地表经历快速埋藏,使得储层压实作用较强,因此有效储层含量较低。有效储层的储层品质指数 RQI 主要为 0.5~2.5,有效储层孔喉结构和储层品质相对较差(图 7.20B)。这种成岩改造模式控制的储层的储层品质指数 RQI 随距不整合面距离的增加呈迅速降低的趋势(图 7.21B),优质储层主要发育在不整合面之下一定深度范围。受大气淡水淋滤作用的影响,溶蚀作用主要发育在不整合面之下的一定深度范围内,随着深度的增加溶蚀孔隙含量逐渐降低,且受下降流作用的影响,溶蚀产物被搬运至不整合面之下一定深度范围内沉淀,形成胶结物,导致储层品质降低。

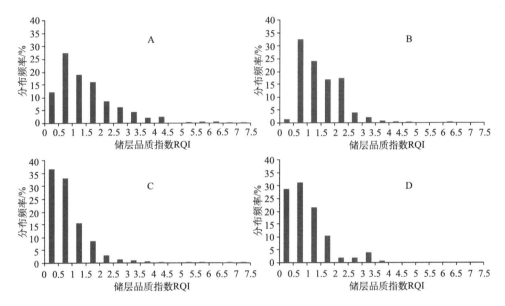

图 7.20　东营凹陷缓坡带薄互层砂体不同成岩改造模式有效储层储层品质指数分布

多重酸碱交替-早期开放-中期开放-晚期封闭环境储层成岩改造模式早中期为开放性成岩环境,成岩流体流动方式主要为上升流,相比于多重酸碱环境交替-开放环境上升流作用储层成岩改造模式,这种成岩改造模式经历的碱性环境相对较弱,但酸性环境较强,酸性溶蚀孔隙相对较为发育,上升流作用将成岩产物带出溶蚀区,使得断块中下部厚层砂体中部储层孔隙度净增加明显,晚期发育的超压封闭成岩环境在一定程度上能够抑制压实作用的进行,保护储层储集空间,因此这种成岩改造模式控制发育的储层有效储层含量相对较高。由于砂体边缘胶结壳形成时间较晚,发育程度较弱,对储层后期流体约束程度较弱,或者早期油气充注的影响,导致断块内储层质量分异不明显,储层品质指数 RQI 主要为 0~2,相对较低,储层孔喉结构相对较差(图 7.20C)。受早中期开放环境上升流作用的影响,断块内储层品质指数 RQI 具有随距油源断层距离增加而降低的趋势

（图 7.21C），断块中下部储层孔喉结构和质量明显好于断块上部。

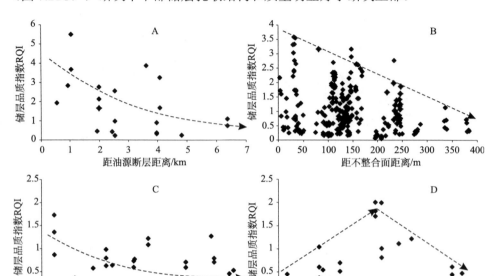

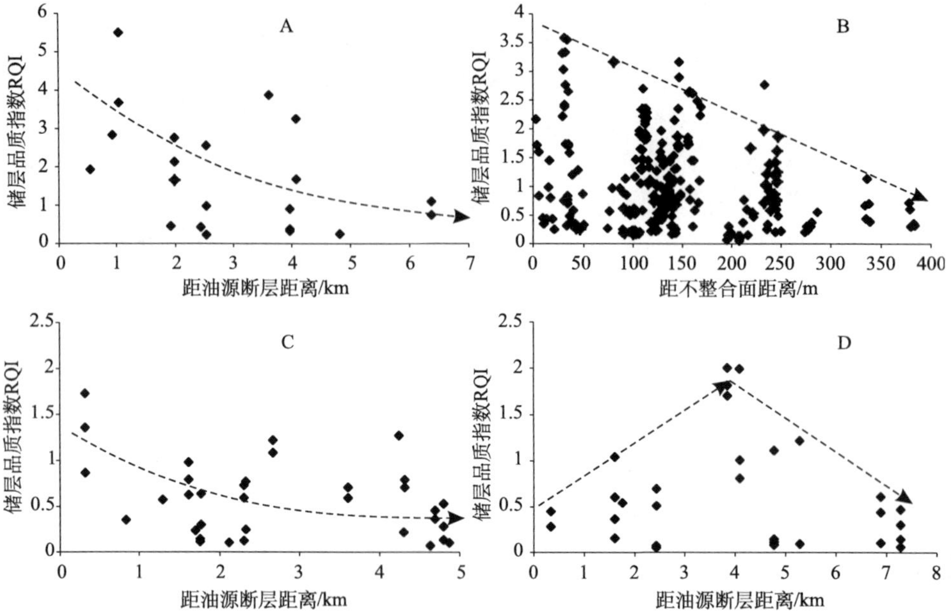

图 7.21 东营凹陷缓坡带薄互层砂体不同成岩改造模式储层品质指数分布特征

多重酸碱交替-早期封闭-中期开放-晚期封闭环境储层成岩改造模式经历了两期封闭性成岩环境，受早期和晚期超压封闭成岩环境的影响，储层压实作用较弱，保存了大量的原生粒间孔隙，使得有效储层含量最高。受早期封闭性环境的影响，虽然溶蚀作用形成了大量的溶蚀孔隙，但是溶蚀产物不能被带出溶蚀区，而是原地沉底形成自生石英等胶结物，因此，溶蚀作用并不能有效增加储层孔隙度，且受自生石英和高岭石等胶结物充填原生粒间孔隙的影响，在一定程度上降低了储层渗透率，使得断块中下部储层孔喉结构降低；中期储层开放性成岩环境使得碱性成岩流体在断块内自下而上逐渐流动，晚期碳酸盐胶结物主要发育在断块上部，很大程度上降低储层物性和孔喉结构，这种成岩改造模式的有效储层储层品质指数 RQI 主要为 0~2。受成岩环境封闭性演化的影响，断块内储层品质指数 RQI 呈现出随距油源断层距离增加先增加后降低的特征（图 7.21D），表明储层孔喉结构在断块中部最好，向两侧逐渐变差。

因此，多重酸碱环境交替-开放环境上升流作用储层成岩改造模式和多重酸碱交替-早期开放-中期开放-晚期封闭环境储层成岩改造模式控制发育的优质储层一般分布在断块中下部厚层砂体中部，多重酸碱交替-早期封闭-中期开放-晚期封闭环境储层成岩改造模式控制的储层质量由断块中部向两侧逐渐变差，碱性-酸性环境演化-开放性环境下降流作用储层成岩改造模式控制的优质储层主要分布在不整合面之下一定的深度范围内,且储层质量随距不整合面距离的增加而明显变差。

储层成岩改造模式分析表明,东营凹陷缓坡带薄互层砂体储层砂体边缘、尖灭带和断块中上部储层中致密胶结壳或胶结带的形成一般早于第二期油气充注之前,致密胶结壳或胶结带发育的砂体部位经地层水束缚后,很容易产生水锁效应,形成很高的毛细管压力,使得相应的砂岩层成为油气藏的直接盖层(图 7.22)。这些致密胶结壳或胶结带与断块中下部厚层砂体中部优质储层在空间上具有良好的配置关系,与油气充注时期在时间上具有良好的配置关系。因此,东营凹陷缓坡带薄互层砂体中受多重酸碱环境交替-开放环境上升流作用储层成岩改造模式、多重酸碱交替-早期开放-中期开放-晚期封闭环境储层成岩改造模式和多重酸碱交替-早期封闭-中期开放-晚期封闭环境储层成岩改造模式控制的储层中除发育构造圈闭和构造-岩性圈闭外,可能发育较多的成岩圈闭。例如,东营凹陷博兴洼陷成功钻探的 G94 井孔一段高产工业油流井段即位于断块下部的厚层砂体中部,其上倾方向和上下两侧的封堵层为油气充注之前形成的碳酸盐致密胶结带和胶结壳,断块中下部厚层砂体中部发育了储集物性良好的储层,油气充注之后主要集中分布在断块中下部厚层砂体中部储层(图 7.22)。高青地区漫湖环境薄互层砂体储层受碱性-酸性环境演化-开放性环境下降流作用储层成岩改造模式的控制主要发育位于不整合面之下的不整合遮挡圈闭。

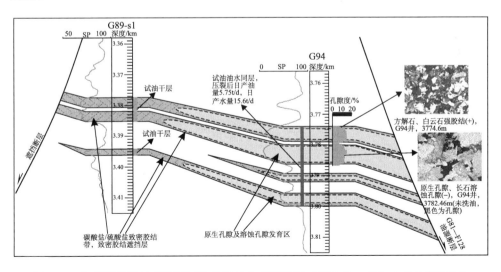

图 7.22 东营凹陷缓坡带薄互层砂体储层中成岩圈闭(G94 井—G89-s1 井油藏剖面)

参 考 文 献

保吉成, 关平, 雷涛, 范新文. 2012. 尕斯库勒油田下干柴沟组上段沉积相类型及演化规律. 天然气地球科学, 23(5): 884~890

操应长, 王健, 高永进, 刘惠民, 唐东. 2011. 济阳坳陷东营凹陷古近系红层-膏盐层沉积特征及模式. 古地理学报, 13(4): 375~386

操应长, 王健, 刘惠民. 2010. 利用环境敏感粒度组分分析滩坝砂体水动力学机制的初步探讨. 沉积学报, 28(2): 274~284

操应长, 王健, 刘惠民, 贾光华, 万念明. 2009a. 东营凹陷南坡沙四上亚段滩坝砂体的沉积特征及模式. 中国石油大学学报(自然科学版), 33(6): 5~10

操应长, 王艳忠, 徐涛玉, 刘惠民, 高永进. 2009b. 东营凹陷西部沙四上亚段滩坝砂体有效储层的物性下限及控制因素. 沉积学报, 27(2): 230~237

曹军骥, 张小曳, 程燕, 鹿化煜. 2001. 晚新生代红黏土的粒度分布及其指示的冬季风演变. 海洋地质与第四纪地质, 21(3): 99~106

陈波, 张昌民, 韩定坤, 赵海涛, 赖志云. 2007. 干旱气候条件下陆相高分辨层序地层特征研究——以江汉盆地西南缘晚白垩世渔洋组为例. 沉积学报, 25(1): 21~28

陈丽华, 赵澄林, 纪友亮, 王雪松. 1999. 碎屑岩天然气储集层次生孔隙的三种成因机理. 石油勘探与开发, 26(5): 77~79

陈英玉, 蒋复出. 2007. 环境磁学在第四纪气候与环境研究中的应用. 青海大学学报(自然科学版), 2007, 25(6): 34~37

丛琳, 马世忠, 付宪弟, 李文龙, 宋磊. 2012. 三肇凹陷东部姚家组一段物源体系分析. 中国地质, 39(2): 436~3443

崔勇, 赵澄林. 2002. 深层砂岩次生孔隙的成因及其与异常超压泄漏的关系——以黄骅坳陷板桥凹陷板中地区滨Ⅳ油组为例. 成都理工学院学报, 29(1): 49~52

邓宏文, 高晓鹏, 赵宁, 颜晖, 邱永香. 2010. 济阳坳陷北部断陷湖盆陆源碎屑滩坝成因类型、分布规律与成藏特征. 古地理学报, 12(6): 737~747

邓宏文, 钱凯.1993.沉积地球化学与环境分析.兰州: 甘肃科学技术出版社. 1~154

冯启, 冯庆来, 于吉顺, 雷新荣. 2007. 广西东攀剖面二叠系顶部黏土矿物特征及古气候意义. 沉积学报, 25(3): 365~371

冯兴雷, 马立祥, 邓宏文, 涂智杰, 林会喜. 2009. 大王北洼陷浅水漫湖砂质滩坝沉积微相特征. 地质科技情报, 28(1): 9~14

冯有良. 1999. 东营凹陷下第三系层序地层格架及盆地充填模式. 地球科学-中国地质大学学报,

24(6): 636~641

韩宏伟. 2009. 薄互层地震波形特征研究——以博兴洼陷沙四段滩坝砂为例. 地学前缘, 16(3): 349~354

韩元佳, 何生, 宋国奇, 王永诗, 郝雪峰, 王冰洁, 罗胜元. 2012. 东营凹陷超压顶封层及其附近砂岩中碳酸盐胶结物的成因. 石油学报, 33(3): 385~393

何起祥. 1983. 碳、氧稳定同位素在沉积学中的应用. 世界地质, 3(1): 1~14

黄思静, 武文慧, 刘洁. 2003. 大气水在碎屑岩次生孔隙形成中的作用——以鄂尔多斯盆地三叠系延长组为例. 地球科学—中国地质大学学报, 28(4): 419~424

李国斌, 姜在兴, 王升兰, 周浩玮, 王天奇, 张亚军. 2010. 薄互层滩坝砂体的定量预测——以东营凹陷古近系沙四上亚段为例. 中国地质, 37(6): 1659~1671

李建如. 2005. 有孔虫壳体的 Mg/Ca 比值在古环境研究中的应用. 地球科学进展, 20(8): 815~822

李进龙, 陈东敬. 2003. 古盐度定量研究方法综述. 油气地质与采收率, 10(5): 1~3

李明慧, 康世昌. 2007. 青藏高原湖泊沉积物对古气候环境变化的响应. 盐湖研究, 15(1): 63~72

李丕龙, 张善文, 曲寿利等. 2003. 陆相断陷盆地油气地质与勘探(卷二). 北京: 石油工业出版社. 1~165

李善鹏, 邱楠生, 曾溅辉. 2004. 利用流体包裹体分析东营凹陷古压力. 东华理工学院学报, 27(3): 209~212

李阳, 王建伟, 赵密福, 高侠. 2008. 牛庄洼陷沙河街组超压系统发育特征及其演化. 地质科学, 43(3): 712~726

林会喜, 鄢继华, 袁文芳, 陈世悦. 2005. 渤海湾盆地东营凹陷古近系沙河街组三段沉积相类型及平面分布特征. 石油实验地质, 27(1): 55~61

刘斌. 2011. 简单体系水溶液包裹体 pH 和 Eh 的计算. 岩石学报, 27(5): 1533~1542

刘传联. 1998. 东营凹陷沙河街组湖相碳酸盐岩碳氧同位素组分及其古湖泊学意义. 沉积学报, 16(3): 109~114

刘晖, 操应长, 姜在兴, 王升兰, 王艳忠, 徐磊. 2009. 渤海湾盆地东营凹陷沙河街组四段膏盐层及地层压力分布特征. 石油与天然气地质, 30(3): 287~293

刘士林, 郑和荣, 林舸, 王毅, 云金表, 高山林, 许雷. 2010. 渤海湾盆地东营凹陷异常压力分布和演化特征及与油气成藏关系. 石油实验地质, 32(3): 233~241

Lohmann K C. 1992. 大气成岩作用体系的地球化学模式及其在古岩溶研究中的应用. 见: 詹姆斯 N P, 肖凯 P W 编. 古岩溶. 北京: 石油工业出版社. 59~82

卢红霞, 陈振林, 高振峰, 占王忠. 2009. 碎屑岩储层成岩作用的影响因素. 油气地质与采收率, 16(4): 53~55

卢焕章, 范宏瑞, 倪培等. 2004. 流体包裹体. 北京: 科学出版社. 148~282

罗静兰, 刘小洪, 林潼, 张三, 李博. 2006. 成岩作用与油气侵位对鄂尔多斯盆地延长组砂岩储层物性的影响. 地质学报, 80(5): 664~672

马维民, 王秀林, 任来义, 张孝义, 王桂成, 王婧韫. 2005. 东濮凹陷超压异常与次生孔隙. 西北大学学报, 35(3): 325~330

马旭鹏. 2010. 储层物性参数与其微观孔隙结构的内在联系. 勘探地球物理进展, 33(3): 216~219

漆滨汶, 林春明, 邱桂强, 李艳丽, 刘惠民, 高永进, 茅永强. 2007. 山东省牛庄洼陷古近系沙河街组沙三中亚段储集层成岩作用研究. 沉积学报, 25(1): 99~107

钱焕菊, 陆现彩, 张雪芬, 张晓晔, 刘庆. 2009. 东营凹陷沙四段上部泥质烃源岩元素地球化学及其古盐度的空间差异性. 岩石矿物学杂志, 28(2): 161~168

钱凯, 王素民, 刘淑范, 时华星. 1982. 东营凹陷早第三纪湖水盐度的计算. 石油学报, 3(4): 95~102

邱桂强, 王居峰, 张昕, 李从先. 2001. 东营三角洲沙河街组三段中亚段地层格架初步研究及油气勘探意义. 沉积学报, 19(4): 569~574

邱隆伟, 周军良, 姜在兴, 王新征. 2009. 峡山湖沙坝的现代沉积. 海洋地质与第四纪地质, 29(4): 135~141

邱隆伟, 周军良, 王新征, 蔡宏兴, 张振哲. 2010. 山东峡山湖滩砂的现代沉积特征研究. 矿物岩石地球化学通报, 29(2): 142~148

邱楠生, 李善鹏, 曾溅辉. 2004. 渤海湾盆地济阳坳陷热历史及构造-热演化特征. 地质学报, 78(2): 263~269

帅萍. 2010. 济阳坳陷古近纪古地貌特点及其对沉积的控制作用. 油气地质与采收率, 17(3): 24~27

申洪源, 贾玉连, 李徐生, 吴敬禄, 魏灵, 王朋岭. 2006. 内蒙古黄旗海不同粒级湖泊沉积物Rb/Sr组成与环境变化. 地理学报, 61(11): 1208~1217

沈吉, 张恩楼, 夏威岚. 2001a. 青海湖近千年来气候环境变化的湖泊沉积记录. 第四纪研究, 21(6): 508~513

沈吉, 王苏民, 朱育新, Matasumoto R. 2001b. 内蒙古岱海古水温定量恢复及其古气候意义. 中国科学(D辑), 31(12): 1017~1023

师永民, 董普, 张玉广, 何勇, 胡新平. 2008. 青海湖现代沉积对岩性油气藏精细勘探的启示. 天然气工业, 28(1): 54~57

寿建峰, 朱国华. 1998. 砂岩储层孔隙保存的定量预测研究. 地质科学, 32(2): 244~250

宋明水. 2005. 东营凹陷南斜坡沙四段沉积环境的地球化学特征. 矿物岩石, 25(2): 67~73

宋春晖, 王新民, 师永民, 晁吉俊, 武安斌. 1999. 青海湖现代滨岸沉积微相及其特征. 沉积学报, 17(1): 51~57

宋春晖, 鲁新川, 邢强, 孟庆泉, 夏伟民, 刘平, 张平. 2007. 临夏盆地晚新生代沉积物元素特征与古气候变迁. 沉积学报, 25(3): 409~416

苏新, 丁旋, 姜在兴, 胡斌, 孟美岑, 陈萌莎. 2012. 用微体古生物定量水深法对东营凹陷沙四上亚段沉积早期湖泊水深再造. 地学前缘, 19(1): 188~199

隋风贵, 操应长, 刘惠民, 王艳忠. 2010. 东营凹陷北带东部古近系近岸水下扇储集物性演化及其油气成藏模式. 地质学报, 84(2): 246~256

隋风贵, 刘庆, 张林晔. 2007. 济阳断陷盆地烃源岩成岩演化及其排烃意义. 石油学报, 28(6): 12~16

孙海涛, 钟大康, 刘洛夫, 张思梦. 2010. 沾化凹陷沙河街组砂岩透镜体表面与内部碳酸盐胶结作用的差异及其成因. 石油学报, 31(2): 246~252

孙靖, 金振奎, 薛晶晶. 2010. 流体包裹体分析在划分碳酸盐胶结物形成期次中的应用. 天然气地球科学, 21(5): 781~785

孙有斌, 高抒, 李军. 2003. 边缘海陆源物质中环境敏感粒度组分的初步分析. 科学通报, 48(1): 83~86

孙镇城, 杨藩, 张枝焕等. 1997. 中国新生代咸化湖泊沉积环境与油气生成. 北京: 石油工业出版社. 1~363

孙致学, 孙治雷, 鲁洪江, 尹希杰. 2010. 砂岩储集层中碳酸盐胶结物特征——以鄂尔多斯盆地中南部延长组为例. 石油勘探与开发, 37(5): 543~551

万赟来, 胡明毅, 胡忠贵, 贾秀容, 谢春安. 2011. 盐湖盆地浅水三角洲沉积模式——以江汉盆地潜江凹陷新沟咀组为例. 沉积与特提斯地质, 31(2): 55~60

王冠民, 高亮, 马在平. 2007. 济阳坳陷沙河街组湖相页岩中风成粉砂的识别及其古气候意义. 地质学报, 81(3): 413~418

王健, 操应长, 高永进, 刘惠民, 刘晓丽, 唐东. 2011. 东营凹陷古近系红层砂体有效储层的物性下限及控制因素. 中国石油大学学报(自然科学版), 35(4): 28~33

王健, 操应长, 刘惠民, 高永进. 2012. 东营凹陷沙四下亚段沉积环境特征及沉积充填模式. 沉积学报, 30(2): 66~74

王蛟, 杨东明. 2010. 济阳坳陷孤岛油田馆陶组上段浅水湖泊三角洲沉积特征. 矿物岩石地球化学通报, 29(3): 238~243

王居峰. 2005. 东营三角洲浊积扇高频层序叠加样式与岩性圈闭. 沉积学报, 23(2): 303~309

王立武. 2012. 坳陷湖盆浅水三角洲的沉积特征——以松辽盆地南部姚一段为例. 沉积学报, 30(6): 1053~1060

王琪, 禚喜准, 陈国俊, 李小燕. 2007. 延长组砂岩中碳酸盐胶结物氧碳同位素组成特征. 天然气工业, 27(10): 28~32

王清斌, 臧春艳, 赖维成, 王波, 王雪莲, 赵小娇. 2009. 渤中坳陷古近系中、深部碎屑岩储层碳酸盐胶结物分布特征及成因机制. 石油与天然气地质, 30(4): 438~443

王随继, 黄杏珍, 妥进才, 邵宏舜, 阎存凤, 王寿庆, 何祖荣. 1997. 泌阳凹陷核桃园组微量元素演化特征及古气候意义. 沉积学报, 15(1): 65~70

王永诗, 刘惠民, 高永进, 田美荣, 唐东. 2012. 断陷湖盆滩坝砂体成因与成藏: 以东营凹陷沙四上亚段为例. 地学前缘, 19(1): 100~107

吴智平, 张林, 李伟, 高永进, 贾海波. 2012. 东营凹陷孔店期－沙四早期构造格局恢复.中国石油大学学报(自然科学版), 36(1): 13~18

肖丽华, 姜明媚, 邵学军, 王志国, 罗宪婴. 2004. 歧北凹陷储层碳酸盐胶结物同位素特征与次生孔隙成因. 地学前缘, 11(3): 272

肖尚斌, 李安春. 2005. 东海内陆架泥区沉积物的环境敏感粒度组分. 沉积学报, 23(1): 122~129

徐磊, 操应长, 王艳忠, 黄龙. 2008. 东营凹陷古近系膏盐岩成因模式及其与油气藏的关系. 中国石油大学学报(自然科学版), 32(3): 30~39

徐兆辉, 汪泽成, 胡素云, 朱世发, 江青春. 2010. 四川盆地上三叠统须家河组沉积时期古气候. 古地理学报, 12(4): 415~424

杨剑萍, 张琳璞, 石勇. 2008. 柴达木盆地西南缘乌南地区新近系下油砂山组沉积特征研究. 新疆地质, 26(2): 167~171

杨勇强, 邱隆伟, 姜在兴, 银熙炉. 2011. 陆相断陷湖盆滩坝沉积模式——以东营凹陷古近系沙四上亚段为例. 石油学报, 32(3): 417~423

叶瑛, 沈忠悦, 郑丽波, 彭晓彤, 丁巍伟. 2000. 塔里木盆地中新生界储层砂岩自生矿物组合与两种成岩环境. 浙江大学学报: 理学版, 27(3): 307~314

袁静. 2005. 济阳坳陷南部古近系洪水-漫湖沉积. 中国地质, 32(4): 655~662

袁政文. 1993. 东濮凹陷低渗致密砂岩成因与深层气勘探. 石油与天然气地质, 14(1): 14~22

于建国, 韩文功, 王金铎.2009.中国东部断陷盆地中-新生代构造演化——以济阳坳陷为例.北京: 石油工业出版社. 1~234

张立强, 杨晚, 侯冠群. 2012. 东营凹陷永82井沙四段紫红色泥岩特征及其在层序划分中的应用. 油气地质与采收率, 19(5): 43~46

张善文, 袁静, 隋风贵, 陈鑫. 2008. 东营凹陷北部沙河街组四段深部储层多重成岩环境及演化模式. 地质科学, 43(3): 576~587

张守春, 张林晔, 查明, 朱日房, 刘庆. 2010. 东营凹陷压力系统发育对油气成藏的控制.石油勘探与开发, 37(3): 289~296

赵宁, 邓宏文. 2010. 沾化凹陷桩西地区沙二上亚段滩坝沉积规律及控制因素研究. 沉积学报, 28(3): 441~450

曾溅辉. 2001. 东营凹陷第三系水-盐作用对储层孔隙发育的影响. 石油学报, 22(4): 39~43

钟大康, 朱筱敏, 张琴. 2004. 不同埋深条件下砂泥岩互层中砂岩储层物性变化规律. 地质学报, 78(6): 863~871

钟大康, 朱筱敏, 周新源, 王招明. 2007. 初论塔里木盆地砂岩储层中SiO_2的溶蚀类型及其机理. 地质科学, 42(2): 403~414

周瑶琪, 周振柱, 陈勇, 路言秋, 周红建, 明玉广. 2011. 东营凹陷民丰地区深部储层成岩环境变化研究. 地学前缘, 18(2): 268~276

朱光有, 金强, 戴金星, 张水昌, 郭长春, 张林晔, 李剑. 2004. 东营凹陷油气成藏期次及其分布

规律研究. 石油与天然气地质, 25(3): 209~215

朱筱敏, 刘媛, 方庆, 李洋, 刘云燕, 王瑞, 宋静, 刘诗奇, 曹海涛, 刘相男. 2012. 大型坳陷湖盆浅水三角洲形成条件和沉积模式: 以松辽盆地三肇凹陷扶余油层为例. 地学前缘, 19(1): 89~99

朱筱敏, 信荃麟, 张晋仁. 1994. 断陷湖盆滩坝储集体沉积特征及沉积模式. 沉积学报, 12(2): 20~28

邹才能, 赵文智, 张兴阳, 罗平, 王岚, 刘柳红, 薛叔浩, 袁选俊, 朱如凯, 陶士振. 2008. 大型敞流坳陷湖盆浅水三角洲与湖盆中心砂体的形成与分布. 地质学报, 82(6): 813~825

Alaa M, Salem S, Morad S. 2000. Diagenesis and reservoir quality evolution of fluvial sandstones during progressive burial a duplih: Evidence from the Upper Jurassic Boipeba Member, Revoncavo Basin, Northern Brazil. AAPG Bulletin, 84(7): 1015~1040

An Z S, Wang P, Shen J, Zhang Y X, Zhang P Z, Wang S M, Li X Q, Sun Q L, Song Y G, Al L, Zhang Y C, Jian S R, Liu X Q, Wang Y. 2006. Geophysical survey on the tectonic and sediment distribution of Qinghai Lake basin. Science in China: Series D Earth Sciences, 49(8): 851~861

Blatt H, Middleton G, Murray R. 1980. The Origin of Sedimentary Rocks. 2nd edition. Englewood Cliffs(New Jersey): Prentice Hall Inc. 1~634

Bodnar R J. 1993. Reviced equation and table for determining the freezing point depression of H_2O-NaCl solutions. Geochim Cosmochim Acta, 57(3): 683~684

Bristow T F, Milliken R E. 2011. Terrestrial perspective on authigenic clay mineral production in ancient Martian lakes. Clays and Clay Minerals, 59(4): 339~358

Carlos R, Robert H G, Andrea C, Rafaela M. 2002. Fluid inclusions record thermal and fluid evolution in reservoir sandstones, Khatatba Formation, Western Desert, Egypt: A case for fluid injection. AAPG Bulletin, 86(10): 1773~1799

Carr T R, Anderson N L, Franseen E K. 1994. Paleogeomorphology of the upper Arbuckle karst surface: Implications for reservoir and trap development in Kansas. AAPG Annual Convention, 117

Crawford M L. 1981. Phase equilibria in aqueous fluid inclusions. In: Hollister L S, Crawford M L(eds). Fluid Inclusions: Applications to Petrology. Min Assoc Canada Short Course Handbook: 75~100

Crosscy L J, Frost B R, Surdam R C. 1984. Secondary porosity in laumontite-bearing sandstones: Part 2. Aspects of Porosity Modification. AAPG Memoir, M37: 225~237

Drummond C N. 1993. Effect of regional topography and hydrology on the lacustrine isotopic record of Miocene paleoclimate in the Rocky Mountains. Palaeogeography Palaeoclimatology Palaeoceology, 101: 67~79

Dubessy J, Poty B, Ramboz C. 1989. Advances in C-O-H-N-S fluid geochemistry based on micro-Raman spectrometric analysis of fluid inclusions. European Journal of Mineralogy, 1(4): 517~534

Eadington P J, Hamilton P J. 1991. Fluid history analysis—a new concept for prospect evaluation. The Australian Petroleum Exploration Association Journal, 12(3): 282~294

Feng Y, Chen H H, He S, Zhao Z K, Yan J. 2010. Fluid inclusion evidence for a coupling response between hydrocarbon charging and structural movements in Yitong Basin, northeast China. Journal of Geochemical Exploration, 106(1): 84~89

Franks S G, Dias R F, Freeman H K, Boles J R, Holba A, Fincannon A L, Jordan E D. 2001. Carbon istopic composition of organic acids in oil field waters, San Joaquin Basin, California, USA. Geochim, Cosmochim, Acta, 65(8): 1301~1310

Goldstein R H, Reynolds T J. 1994. Systematics of fluid inclusions and diagenetic minerals. USA: SEPM Short cource. 1~210

Guo X W, He S, Liu K Y. 2010. Oil generation as the dominant overpressure mechanism in the Cenozoic Dongying depression, Bohai Bay Basin, China. AAPG Bulletin, 94(12): 1859~1881

Gunter G W, Finneran J M, Hartmann D J, Miller J D. 1997. Early determination of reservoir flow units using an integrated petrphysical method. SPE38679, 373~380

Hanor J S. 1980. Dissolved methane in sedimentary brines: potential effect on the PVT properties of fluid inclusions. Economic Geology, 75(4): 603~617

Jansa L F, Noguera U V H. 1990. Geology and diagenetic history of overpressured sandstone reservoirs, venture gas field, offshore Nova Scotia, Canada. AAPG Bulletin, 74(10): 1640~1658

Jiang Z X, Liu H, Zhang S W, Su X, Jiang Z L. 2011. Sedimentary characteristics of large-scale lacustrine beach-bars and their formation in the Eocene Boxing Sag of Bohai Bay Basin, East China. Sedimentology, 58(5): 1087~1112

Jowett E C, Cathles L M, Davis B W. 1994. Forecast of depth of releasing water of gypsum in vaporing salt basin. Foreign Oil & Gas Exploration, 6(4): 391~401

Kelts K, Talbot M R. 1990. Lacustrine carbinates as geochemical archives of environmental change and biotic/abiotic interactions. In: Tilzer M M, Serruya C (eds) Ecological structure and Function in Large Lakes. Madison, Wis: Science Tech. 290~317

Lynch F E. 1996. Mineral/water interaction, fluid flow and sandstone diagenesis: evidence from the rocks. AAPG Bulletin, 80(4): 486~504

MacDonald A J, Spooner E T C. 1981. Calibration of a Linkam TH 600 programmable heating-cooling stage for microthermometric examination of fluid inclusions. Economic Geology, 76(5): 1248~1258

Munz I A. 2001. Petroleum inclusions in sedimentary basins: systematics, analytical methods and applications. Lithos, 55: 195~212

Murry A C, Roedder E. 1979. Fluid inclusions evidence on the environments of sedimentary diagenesis, a review. SEPM Special Publication, 26: 157~203

Neilson J E, Oxtoby N H, Simmons M D, Simpson I R, Fortunatova N K. 1998. The relationship between petroleum emplacement and carbonate reservoir quality: Examples from Abu Dhabi and the Amu Darya Basin. Marine and Petroleum Geology, 15(1): 57~72

Northrop D A, Clayton R N. 1966. Oxygen-isotope fractionations in systems containing dolomite. Journal of Geology, 74(2): 174~196

O'Neil J R, Clayton R N, Mayeda T K. 1969. Oxygen isotope fractionation in divalent metal carbonate. Journal of Chemical Physics, 51(12): 5547~5558

Qiu L W, Jiang Z X, Cao Y C, Qiu R H, Chen W X, Tu Y F. 2002. Alkaline diagenesis and its influence on a reservoir in the Biyang depression. Science in China(Series D), 45(7): 643~653

Robert H G, Carlos R. 2002. Recrystallization in quartz overgrowths. Journal of Sedimentary Research, 72(3): 432~440

Roedder E. 1984. Fluid inclusions. Reviews in Mineralogy, 12: 11~45, 251~290

Santschi P, Höhener P, Benoit G, Brink M B. 1990. Chemical processes at the sediment-water interface. Marine Chemistry, 30(special issue for 32nd IU-PAC Congress): 269~315

Shaw T J, Gieskes J M, Jahnke R A. 1990. Early diagenesis in differing depositional environments: The response of transition metals in pore water. Geochimica et Cosmochimica Acta, 54(5): 1233~1246

Surdam R C, Crossey L J, Hagen E S, Heasler H P. 1989. Organie-inorganic interactions and sandstone diagenesis. AAPG Bulletin, 73(1): 1~12

Wilkinson J J, Lonergan L, Fairs T, Herrington R J. 1998. Fluid inclusion constraints on conditions and timing of hydrocarbon migration and quartz cementation in Brent Group reservoir sandstones, Columba Terrace, northern North Sea. Geological Society Special Publications, 144: 69~89

Zhang Y G, Frantz J D. 1987. Determination of the homogenization temperatures and densities of supercritical fluids in the system $NaCl-KCl-CaCl_2-H_2O$ using synthetic fluid inclusions. Chemical Geology, 64: 335~350

Zheng M P, Liu X F. 2009. Hydrochemistry of salt lakes of the Qinghai-Tibet Plateau, China saline lakes and global change. Aquatic Geochemistry, 15(11): 293~320

编 后 记

《博士后文库》（以下简称《文库》）是汇集自然科学领域博士后研究人员优秀学术成果的系列丛书。《文库》致力于打造专属于博士后学术创新的旗舰品牌，营造博士后百花齐放的学术氛围，提升博士后优秀成果的学术和社会影响力。

《文库》出版资助工作开展以来，得到了全国博士后管委会办公室、中国博士后科学基金会、中国科学院、科学出版社等有关单位领导的大力支持，众多热心博士后事业的专家学者给予积极的建议，工作人员做了大量艰苦细致的工作。在此，我们一并表示感谢！

《博士后文库》编委会